Shiv Khera

You can Win

A step-by-step tool for Top Achievers

赢在好心态

从憧憬到成功的心理突破

[印] 希夫·凯拉（Shiv Khera） 著

余小霞 译

北京时代华文书局

图书在版编目（CIP）数据

赢在好心态 ：从憧憬到成功的心理突破 / （印）希夫·凯拉著 ；余小霞译 .
-- 北京 ：北京时代华文书局，2018.8
书名原文：You Can Win: A step-by-step tool for Top Achievers
ISBN 978-7-5699-2511-1

Ⅰ. ①赢… Ⅱ. ①希… ②余… Ⅲ. ①成功心理—通俗读物 Ⅳ. ①B848.4-49

中国版本图书馆 CIP 数据核字（2018）第 164711 号

北京市版权著作权合同登记号 字：01-2016-4172 号

赢在好心态：从憧憬到成功的心理突破

YING ZAI HAO XINTAI CONG CHONGJING DAO CHENGGONG DE XINLI TUPO

著　　者 | 〔印〕希夫·凯拉
译　　者 | 余小霞

出 版 人 | 王训海
选题策划 | 胡俊生
责任编辑 | 周　磊　余荣才
装帧设计 | 观止堂_未氓　赵芝英
责任印制 | 刘　银

出版发行 | 北京时代华文书局 http://www.bjsdsj.com.cn
北京市东城区安定门外大街 138 号皇城国际大厦 A 座 8 楼
邮编：100011　电话：010-64267955　64267677
印　　刷 | 固安县京平诚乾印刷有限公司　0316-6170166
（如发现印装质量问题，请与印刷厂联系调换）
开　　本 | 710mm×1000mm　1/16　印　　张 | 15.5　字　　数 | 280 千字
版　　次 | 2018 年 10 月第 1 版　印　　次 | 2018 年 10 月第 1 次印刷
书　　号 | ISBN 978-7-5699-2511-1
定　　价 | 48.00 元

此书献给我的母亲以及

我心存感激的人

序 言

成功，并不意味着没有了问题，而是意味着问题得到了解决。成功，不是通过我们在生活中取得多大的成就来衡量，而是通过当我们失败后有多少次能重新振作起来来衡量。

你有没有想过，为什么有些人比他人更成功？这不是机密——这些人仅仅是做到了让思考和行动更有效。他们已经掌握并内化了成功的原则，因而采取积极乐观的行为对他们来说毫不费力。成功之人勇于承担责任，敢于对自己的决策和行为负责。

本书可以帮助你实现目标，过上更有意义的生活。

你可能听过正向思考的能量，那你有没有听过负向思考的能量？

正向思考的能量，赋予人成功的意志；负向思考的能量，将使人因丧失动力而失败。

本书属于什么类型？

从某种意义上说，本书首先是本施工手册，描述使你取得成功所需要的工具，提供一个蓝图，帮助你构建成功和有意义的生活。

其次，它是一个食谱，列出了食材和制作原则。该食谱提供了你应该遵循的、获得成功的良方，告诉你怎样使用正确的比例去混合它们。

最重要的是，这是一本旅游指南——一步一步，指引你从梦想成功到释放自己的潜能去获得成功。

如何读这本书

本书将赋予你接受时间考验的原则，这些原则如果运用得当，会帮你获得一生的成功。

但是，随意浏览或囫囵吞枣地只读一遍，则不能吸收本书的理念。你应该慢慢地、认真耐心地阅读。一次读一章。在确信自己已经了解了前一章的每个概念之后，再继续读下一章。

像工作簿一样使用本书。在阅读时，请你使用荧光笔标记出那些重要的词或句子或段落或特别适用于自己的内容，还可以添加旁注。

在阅读时，你可以跟自己的配偶或伙伴或亲密的朋友一起讨论每一章里的概念。一个熟知你的长处或短处的人给予的观点（希望是直言)会特别有用。

创建行动计划

本书的目标之一就是帮你为未来的生活创建行动计划。

如果你从未创建过一个行动计划，那么就从现在开始吧！它主要明确三件事：

1. 你想要实现什么；

2. 你想怎样实现它；

3. 完成目标的期限。

当你阅读本书时，请随时带上笔记本，并将笔记内容分成三部分：目标、计划完成目标的各个阶段、成功时间表。

当你阅读完本书时，你的笔记本将会成为打造新生活的基础。

本书归结出的原则具有普遍性，适用于任何情况、组织或国家。就像柏拉图说过的，“真理是永恒的。”

本书归结出的各种原则，男女都适用。请记住：**大多数人失败，不是缘于缺乏能力或智力，而是缘于缺乏欲望、方向、奉献精神和纪律。**

鸣谢

任何成就的取得，都需要许多人的帮助，创作本书也不例外。我感谢我的女儿们，特别要感谢我的妻子，她们的耐心支持是我完成本书创作的动力；感谢我的工作人员，他们的勤奋努力使本书得以出版。

时光荏苒，在过去的25年里，我从各种报纸、杂志、其他演讲者和研讨会的参与者等渠道收集故事、轶事等作为写作资料和范例。无论资料来自哪里，我都要对这些资料的作者和拥有者表达我的感谢之情，尽管他们有些可能是“无名小卒”，有些我也无从知晓他们的尊姓大名。

本书所引用的材料，已尽可能地标注了出处。但挂一漏万，若有遗漏，再版时，我将予以修订补充。

目　　录

CONTENTS

YOU CAN WIN

Step By Step To Win

第1章 心态的重要性

| 成功者的优势 |

能力教我们怎么做，

动机决定我们为什么做，

心态决定我们做得有多好。

有一个人靠在集市上卖气球为生。他有许多颜色不同的气球，如红色的、黄色的、蓝色的和绿色的。每当生意不好时，他就会放飞一个氦气球。附近的孩子们看到气球飞上天，就都想要一个，并很快找他买气球，他的生意就会好起来。就这样，一天当中，只要生意不好时，他就放飞一个气球。有一天，他感到有人在拽自己的夹克，转过身见是一个小男孩。小男孩冲他问道："如果你放飞一个黑气球，它也会飞吗？"面对小男孩的疑问，他温和地回答道："孩子，能不能飞不在于气球的颜色，而在于气球里面是什么能让它飞起来。"

同样的原则也适用于我们的生活：是我们的内在、是我们的心态，决定着我们的进取行为。哈佛大学的威廉·詹姆斯说道："我们这一代最伟大的发现是，人们可以通过改变自己的心态来改变自己的人生。"

我们大多数人都听说过正向思考的能量，但是很少有人听说过负向思考的能量。其实，它们都是非常强有力的，会带领着我们前往两个完全相反的方向。就像正向思考催人奋进，并到达人生新高度一样，负向思考会驱使着人们走向自我毁灭。

心态决定着成功

哈佛大学的一项研究发现，一个人获得一份工作或者是获得升职，85%的概率是缘于他的心态，而只有15%的概率缘于智力和其所掌握的知识。对此，是不是感到很意外？因为一个人凭借寒窗苦读所掌握的知识，在生活中获得成功的概率仅为15%！

心态是英语中最重要的词语之一。它适用于生活的各个方面，包括一个人的私生活和职业生活。试问，一个主管没有良好的心态能成为一个优秀的主管？一个学生没有端正的心态能成为一个好学生？还有，家长、老师、业务员、雇主或雇员没有良好的心态，能扮演好他们的角色？

无论你选择从事什么行业，心态都是成功的基石。

既然心态在成功中扮演着这么重要的角色，那么我们为什么不去反省一下自己对待生活的心态，不去问问心态将会怎样影响自己的生活呢？

哈费茨是非洲的一个农民，过着知足常乐的日子。因为知足，所以快乐；因为快乐，所以满足。有一天，一位智者来到他这里告诉他，钻石会给他带来权力和荣誉。智者说："如果你拥有一个拇指大小的钻石，就可以买下一座城市。如果你拥有一个拳头大小的钻石，差不多可以买下一个国家。"说完后，智者离开了。那天夜里，哈费茨失眠了，变得既不高兴也不满意。因为不满，所以不快乐；因为不快乐，所以不满。

第二天早上，哈费茨便变卖了农场，带上家人，走向了寻找钻石之路。他找遍了整个非洲，没找到哪怕是一丁点的钻石。他找遍了整个欧洲，也没找到任何钻石。当他到达西班牙时，他的情绪、身体、财务状况全都差到极点。他特别沮丧，随即跳进巴塞罗那河自杀了。

在他的老家，买下他农场的那个人，经营着农场，在小河边喂养着骆驼。一天，他跨过小河，看到晨光照在一个石头上面，像彩虹一般耀眼。他想，这块石头摆放在起居室里会很漂亮。于是，他捡起这块石头，放在起居室的壁炉架上。这天下午，智者来到农场看到了这块耀眼的石头，问道："哈费茨回来没？"新农场主说："没有，你为什么这么问？"

智者说："因为这是一块钻石。一看到钻石我能认出来。" 新农场主说："不，这只是我从小河里捡起来的一块石头。你来，我带你去看，那儿有好多这样的石头。"他们一道去小河边，带回一些石头样品，送去做分析检测。结果毫无疑问，这些石头都是钻石。他们发现这个农场遍布着数英亩的钻石。[①]

这个故事的寓意是什么?

它有很多的寓意:

1. 当我们端正心态，就能意识到自己正走在数英亩的钻石上：机遇总是在我们脚下。我们不用去任何地方。

2. 当我们无法识别机遇、无法认出机遇时，别无他法，我们所要做的就是通过学习认出机遇。

3. 不知道怎么认出机遇的人，当机遇来敲门时也会抱怨、吵闹。

4. 已失去的机遇更加容易认出来，在它们离开时，而不是在它们来临时。

5. 一次机遇只敲门一次。再一次的机遇有可能更好或更差，但绝不会是同样的一个。这也说明了，为什么在正确的时间做出正确的决定是非常重要的。但是，在错误的时间做正确的决定往往会变为一个错误的决定。

6. 另一边的草总是看起来更绿。更绿的草总是具有两面性:（1）有可能是另一个农民更精心照顾的草，它确实更绿;（2）然而，在大多数的情况下，它只是幻觉。当我们追逐一个幻觉时，我们就会失去自己脚下的正确机会。

7. 当我们看着别人的草地时，别人也同样在看着我们这边的草地。双方会很乐意彼此互换草地。

大卫和歌利亚

我们都知道《圣经》里大卫和歌利亚的故事。歌利亚是一个巨人，每个人都从心底里怕他。有一天，一个17岁的牧羊男孩大卫问他的兄弟:“为什么你们不去跟巨人斗争?”他的兄弟都怕巨人，所以都回答道:“难道你看不到，他那么巨大? 怎么打得过?”大卫说道:“不，他不是太大了就很难打，而是太大就不会打不到。”后来的故事，我们都知道了：大卫用弹弓杀死了巨人。可见对待同一个巨人，不同的人有不同的看法。

① 摘选自拉塞尔·康威尔《数英亩的钻石》，康威尔奠定了天堂大学的文学基础。

我们的心态决定着我们怎么看待挫折。对一个积极乐观者来说，一次挫折能成为迈向成功的垫脚石；而对一个消极悲观者来说，它能成为一块绊脚石。伟大的思想家和哲学家都认为，每个问题的来临都是一次成功的机遇，或者是更大的成功机遇。

心态对于组织机构的重要性

你有没有想过，为什么有些个人、组织或者国家比其他的有些个人、组织或者国家更成功？这不是秘密！这仅仅是因为他们拥有了更加有效的思考和行动，并通过投资最具价值的资产——人民来做到的。

我跟国际上一些重要组织机构的高管们交谈过，并且问他们同一个问题："如果你有一个魔杖，它能让你改变一件事情，使你更高效，你会改变什么？"他们的回答十分一致——他们会改变员工们的心态。只有更好的心态才能成为更好的员工，减少浪费，让工作质量和做人底线都提升。通常情况下，这样的机构会成为一个理想的工作场所。

事实表明，人力资源是最具价值的资产，人力资源比资本或设备更具价值。不幸的是，人力资源也是浪费最多的资源。缘此，人力资源既能成为最大的资产，也能成为最大的负债。

最佳人才——绝对高品质的人才

我参加过一些培训项目，如客户服务、销售技巧、制定策略等。由此我得出一个结论，就是大多数重大的项目都面临着一个重要的挑战：如果它们没有正确的底蕴，就将无法开展工作，这个正确的底蕴就是最佳人才。什么是最佳人才？最佳人才就是绝对高品质的人才，即有个性、正直、拥有正确价值观且心态端正的人。

不要误解我。尽管你需要这些项目，但只有当你拥有正确的底蕴——绝对高品质的人才，这些项目才可以运行通畅。例如，有些客服人员被教导去对客户说"请"和"谢谢您"，同时要面带微笑，并学会与客户握手。如果客服人员不想去从事客服工作，那么，他要多长时间才能学会"笑"？此外，对于那些伪装出来的“笑”，人们总是能一眼看出来。因而，当客服的微笑不真诚时，就会令人反感。关键是，实质必须重于形式，而不是形式重于实质。毫无疑问，客服人员应该对客人说“请”和“谢谢您”，并面带微笑，等等——这些事情是重要的。但是，请记住，带着服务的意识去做这些就会容易得多。

有个人曾经找到法国著名哲学家布莱兹·帕斯卡，对他说道：“如果我有你的智力，我会成为一个更好的人。”帕斯卡回答道：“让自己成为一个更好的人，你将会拥有我的智力。”

伟大的组织不是通过周薪和工作条件来衡量，而是通过感觉、心态和人际关系来衡量。当雇员说“我不能这样做”时，他实际上是在说两种情形：要么是“我不知道怎么做”，要么是“我不想做”。如果他是说“我不知道怎么做”，那这只需技术培训就能解决。如果他是说“我不想做”，那他实际上也是说两种情形：要么是我对做这样的事不关心，要么是我非常不愿意做这样的事。前者属于心态（他们不关心），后者属于价值取向（他不认为自己应该做）。我们在全球遇到的巨大挑战都可归为这两个类别。心态是成功的基础。基础越强，成功越大。

卡尔加里塔高190.8米。整个塔重10884吨，但其中的6349吨位于塔的地下部分（约60%）。这表明，最高的、最伟大的建筑必须拥有最强的基础。同理，成功也需要坚强的基础，只不过它是心态。

整体分析

我相信整体分析。我们不只是有胳膊和腿、眼睛和耳朵、心脏和大脑这些部分，而是拥有完整的个体。整个人去工作，整个人回家。人的个性是不会改变的。诚实的人在家、在单位都诚实，虚伪的人在家、在单位都虚伪。当我们把家庭中的问题带到工作中时，会发生什么？我们的压力会上升，效率会下降。同样地，当我们把工作中的问题带回家时，其不仅会影响到我们的家人，还会影响到我们生活的各个方面。可见，个人的、职业的和社会性的问题会强烈关联在一起并互相影响。

决定心态的因素

请允许我问些问题：我们是生来就有心态，还是随着我们变得成熟，发展了心态？组成心态的因素是什么？心态能被改变吗？

大多数情况下，我们的心态是在时间的推移中发展成形。

我们出生时就带有性格倾向，但后天的三个因素能最大程度地决定我们的心态的构成。这三个因素是：

1. 环境；
2. 经验；
3. 教育。

让我们逐一评估这些因素。

环境

环境由下列成分组成：

· 家庭环境：对所有的家庭成员产生积极的或消极的影响。

· 学校环境：同伴压力。

· 工作环境：有益工作，或者超出个人承受限度。

· 社会环境：媒体、电视、报纸、杂志、广播、电影等，社会接受的或不接受的内容，影响着我们的心态。

· 经济环境：一贫如洗——你能教育饿着肚子的人树立价值观念？

· 宗教环境：很多次，被宗教解释出或解释不出的现象，使人们相信宿命论。

· 政治环境

所有这些环境都创建一种文化。每个地方——在家庭、组织机构或国家——都拥有一种文化或缺乏一种文化，甚至缺乏一种文化本身也是一种文化。比如，你去一家商店购物，可能会发现销售员有礼貌、主管有礼貌、经理有礼貌、店主有礼貌。而你去另一家店购物，却发现该商店的销售员是粗鲁的、主管是粗鲁的、经理是粗鲁的、店主是粗鲁的，这里有一种文化正在运行着。同样地，如果你去别人家里，发现小孩有礼貌、他们的父母有礼貌，甚至这家的佣人也有礼貌。而你去另一个人家里，你可能发现这家的小孩子们如同猫狗不容般地互相打架，他们的家长也是粗鲁的，连他家的佣人也是粗鲁的，这里运行着另一种文化。在任何地方，文化总是自上向下，从不自下向上。

在政治不稳定的国度，人们会停止长远思考，变得短视起来。他们的目标变为剥削每个人，并且是当即填满自己的口袋。即使他们的口袋已经很满了，他们也会为不确定的明天做更充分的准备。

在政府和政治都诚实可靠的国度，通常你会发现，人们是可靠的，遵守法律并且乐于助人。反之，在腐败的环境下，诚实的人会过得艰难；在诚实的环境，腐败的人会过得艰难。“在风清气正的环境下，被边缘化的官员也能做出许多实事来。在人浮于事的环境下，再好的执行者也会无所事事。”

我们需要回过头，看看我们给自己和周边建立了什么样的环境。在消极的环境下期望正向的行为是很难的。在一个违法的社会里，不受法律制约变成了法律，诚实的市民也变为欺骗者、恶棍和强盗。

花些时间去评估环境是怎样影响你自己的，你创建的环境又是怎样影响他人的。

经历

生活中遇到的事件和经历决定我们的心态。如果我们所跟之人有一个正面的经历，我们对他的心态就可能是正面的。相反，负面的经历让我们趋向谨慎小心。在我们生活中，事件和经历会变为行为的参照物，由此得出来的结论将作为我们的行为指导方针。

我教育我的孙子说实话。如果他看到我说谎，最初他一定会感到困惑，因为他听到的是一回事，经历的却是另一回事。基于这样的经历，他得出自己的结论，并成为以后行为的参照物。

教育

全面的教育应该教导我们，既要懂得怎么谋生，还要懂得如何生活。

教育包括正式教育和非正式教育。尽管如今我们淹没在信息中，但是仍缺乏知识和智慧。关键是，要将知识转化为智慧，再将智慧转化为成功。

教育工作者的作用是至关重要的。教师的影响是永恒的，其带来的连锁反应是无限的。

怎么识别正向心态的人？

就像没有不健康并不等于健康良好一样，没有负向心态并不等于拥有正向心态。

具有正向心态的人个性沉稳，容易认出。他们关心他人、自信、有耐心、谦虚，对自己和他人都抱很高期望，期望获得正向的结果。

具有正向心态的人就像四季时鲜的水果，总是受人欢迎。

正向心态的益处

拥有正向心态，会带来许多益处，其优势显而易见。但遗憾的是，正向心态虽容易看到，但很容易失去!

正向心态的益处：

- 建立令人愉悦的个性；
- 能激励和鼓舞人心；
- 给予满足并且让生活有意义；
- 激发自己和他人；
- 帮助人们成为社会上的有用之才和做出贡献者；
- 提高工作效率和取得收益；
- 促进团队工作和营造更好的人际关系；
- 解决问题和做出正向的决定；
- 带来荣誉感并提升工作质量；
- 营造融洽的气氛；
- 培育忠诚度和可靠性；
- 减少压力和增加快乐；
- 换句话说，正向心态能带来开心、健康和富裕的生活。

负向心态的后果

生活是一个充满困难的过程。负向心态使我们成为自己最大的障碍。持负向心态的人，维持友谊、工作、婚姻、人际关系都会比较艰难。负向心态会导致：

- 苦难
- 怨恨
- 不知足
- 挫折

· 无目的的生活　　　　　　　· 不健康

· 对自己、对他人带来高压力

持负向心态的人，在家里、在工作中、在社会上均会建立起不愉快的环境，并把负能量传递给周边的人，由此成为社会上的不利因素。

心态会代代相传吗?

答案是，绝对会代代相传。难怪我们发现，有些家庭和社会成员比其他家庭和社会成员的心态更积极。

当我们意识到自己具有负向心态时，为什么不去改变?

人类的一项本能是拒绝改变。因为改变是不舒服的，无论是正向的还是负向的，改变通常会带来压力。有时候，负向的心态带给人的太舒服了，即使是为了让自己变得更好，人们也不想进行改变，而宁愿保持负向的舒适。

查尔斯·狄更斯写过一个囚犯，他被关在一个地牢里面很多年。服完刑后，他获得自由，被带出牢房，走进阳光下向他开放的世界。谁知，这个人向四周看了看，过了一会儿，竟对获得的自由感到很不舒服。于是，他请求重新回到牢房里。

对他而言，这个地牢、身上的枷锁和地牢的黑暗，比接受自由和一个向他开放的世界更加安全和舒适。

现在，许多囚犯也做出同样的选择。应对一个不熟悉的世界，其带来的压力如此巨大，导致他们选择重回监狱。为了能被送回监狱，他们可能会故意犯罪。因为在监狱里，尽管他们的自由受到限制，但他们不必做很多决定。

如果你的心态是负向的，那么你的生活会受到限制。你在工作中要想取得成功，将会受到限制。你将会缺少朋友，不能更好地享受生活。

在下一章，我将和你分享我的想法，以及怎样拥有一个正向心态。培育一个正向心态要持之以恒，将会遇到很多困难。不过，一旦拥有正向心态，对个人生活的各个领域，都会是非常有益的。

行动计划

梦想是便宜货……完成梦想才有价值。

——西奥多·罗斯福

1. 列出现在你能认出的、但已经被自己忽视了的3次机遇。

（1）________________________________

（2）________________________________

（3）________________________________

2. 列出迄今为止，你不能识别的3个有机遇的领域。

（1）________________________________

（2）________________________________

（3）________________________________

3. 评估现在的环境是怎样影响你的心态的。

4. 评估你建立的环境是怎样影响他人的。

5. 建立一个积极的环境，列出你能做出改变的3个行为。

（1）________________________________

（2）________________________________

（3）________________________________

6. 在下列每个区域中，列出3个拥有正向心态的优势：

（1）家庭：①__________ ②__________ ③__________

（2）工作：①__________ ②__________ ③__________

（3）社会：①__________ ②__________ ③__________

YOU CAN WIN

Step By Step To Win

第2章

打造积极的心态

|到达你的目的地|

成功者每个问题都有解决方法；

失败者每个方法都有问题。

我们面对的任何事实都没有我们对待它的心态更重要，心态决定着我们的成功或失败。

——诺曼·文森特·皮尔

我们童年时期形成的心态会持续一生。在性格形成时期获得正向心态会让你的生活有意义，并且会收到不同方式的回报。如果你通过童年经历产生了正向心态，那么你是相当幸运的，在将来会领先于他人的。但是，如果你产生了负向心态，无论是有意的还是无意的——你要坚持下来吗？当然不能。你能改变自己的心态吗？能。容易吗？绝对不容易！值得吗？当然值得！

注意：如果你有一个正向心态，有没有理由保证自己能永远保持正向呢？回答是“没有”，除非你努力去保持它。

怎样培育和保持正向心态？

· 知道培育正向心态的原则；

· 有培育正向心态的愿望；

· 培养自制力和全身心投入地学习这些原则。

作为成年人，除了我们的环境、教育、经历，谁对我们的心态负责？是我们自己！我们必须对自己的表现和行为负起责任。有些人除了自己，总是责备他人和所有事情。要提升自己，取决于每天早上我们选择的心态。

你肯定听过许多白手起家（自力更生）的成功故事，那么，你有没有听过自我失败的故事呢？可能没有。

负向心态的失败者责怪整个世界，为他们的失败而责怪他们的家长、老师、配偶、老板、星座、命运、运气、经济和政府。他们从不承担责任。

你必须要抛弃过去，拂去尘土回归主流，树立梦想，并为之努力。你要进行正向思考，因为它是真实的、可靠的、良好的，将会带领你拥有正向心态。

改变心态的8个步骤

如果你想建立并保持正向心态，就需要自觉地练习下列步骤：

第1步　改变关注，寻找正向心态

让自己成为一个探求美好的人，关注生活中正向的一面，能够寻找出个人的优点或事件中正确的一面，而不是挑错。因为现实中，大多数人总是挑错，寻找错的是什么，常常不能看到好的一面。

寻找金矿

安德鲁·卡内基从苏格兰来到美国的时候，还是一个小男孩。他从打零工开始，最后成为美国最大的钢铁制造商，并且有43个百万富翁为他工作。今天，100万美元仍不是个小数目，在1920年也就更值钱了。

有人曾经问他，怎样跟人打交道。他回答道："跟人打交道很像挖金子。为挖到一盎司金子，在挖到金子之前，你得挖除数吨的土，只是在挖的时候，你明白自己不是找土，你找的是金子。"

卡内基的回答包含一个非常重要的信息。尽管有时看起来每个情形、每个人不可能有优点，但我们必须更深入地进行寻找。因而，这个信息非常清楚：变为一个淘金者，改变关注点，寻找积极面。

你关注的是什么？当然是找金子。如果你总是寻找人或事错误的一面，那么你将寻找到许多错误。我们要找什么？是金还土？这要弄清楚。因为即使在天堂，挑错者也会继续挑错，并且大多数人都会找到他们想要找的错误。

有些人总在寻找负面

有一位猎人，买了一匹非常棒的猎狗。这匹独一无二的猎狗可以在水中行走。猎人想在朋友面前显摆一下这匹猎狗，便邀请了朋友们去猎野鸭。当他们射落了几只野鸭后，猎人便命令这匹猎狗去找回猎物。就这样，一整天的时间，这匹猎狗不停地跳进水里找回猎物。猎人原本期望朋友们评价或者赞美一下这匹了不起的猎狗，但从没听到一句。当他们返回时，猎人就问朋友们，有没有注意到自己的猎狗有什么不寻常的地方。朋友们回答道："当然注意到了，事实上，我注意到有些不寻常。你的狗不会游泳。"

这个故事带给我们什么寓意？它就是，尽管事实很明显，但有些人还是看不到优点。

有些人总是看到阴暗面，是悲观主义者。什么样的人是悲观主义者？悲观者：

· 是呻吟、叹息，永远在抱怨的人

· 当他们没有关于他人惹上麻烦事的谈资时，就不开心

· 当接触到好的事物时，他们感觉很糟糕；当接触到更好的事物时，因为害怕，他们感觉更糟糕。

· 总是关灯，去看有多黑暗。

· 因为想到明天有可能会生病，所以不能享受今天的健康。

· 不仅期望着出现最坏的事情，还制造最坏的事情。

· 看不到甜甜圈，只看到中间的洞。

· 忘记享受到的福分，总是计算遇到的麻烦

知道努力工作从来不会伤害任何人，但是还是坚持"为什么要试"。

注意：寻找正面并不一定意味着忽略错误。作为一个正向思考者，不是说他必须同意或接受一切，而只是意味着这个人是一个解决关键问题的人。

做一个乐观者

怎样成为一个乐观者？下面的描述很好地介绍了具体做法。

做一个没有什么可以打扰你内心平静的坚强者；与你遇见的每一个人谈论健康、快乐与繁荣；让所有的朋友都感受到，你欣赏他们的良好素质和优势；看到一切事情的阳光一面；只想最好的，只做最好的，只期望最好的。

热衷于他人的成功就像是热衷于自己的成功一样；忘记过去的错误，奔向

未来，取得更伟大的成就；带给每一个人微笑；多花些时间提升自己，这样的话就没时间去批评他人；足够豁达少忧虑，精神高贵不发怒。[1]

第2步　从现在开始，养成一个习惯

就像奥利弗·温德尔·霍姆斯说过的有关生活不幸的话："大多数人走进坟墓的时候，天赋仍没发挥出来。"我们没有实现卓越，是因为我们缺乏眼界。

他睡在月亮下
他晒在太阳下
他用一生去准备
死时一事无成

——詹姆斯·奥伯里

在生活中，有时我们会拖延，也知道自己会拖延。当时不在意，事后又后悔。拖延能产生负向心态。反之亦然，形成恶性循环。比起做工作时的付出，拖延这个习惯更易使人疲劳。

完成一项工作能让人有成就感、充满活力，完不成工作则消耗人的精力和激情。

如果你想建立和保持正向心态，就从现在做起，并且养成立即动手的生活习惯。

当我成为大男孩

一个小男孩说，当他长大了，他会做这做那，将会是幸福的；当他长大时，他说读完大学他将会幸福；当他大学毕业时，他说找到第一份工作他会幸福；当他找到第一份工作后，他说当他结婚后，那时他会幸福；当他结婚后，他说当他的小孩学业有成时，他会幸福；当他的小孩毕业后，他说当他退休了，他会幸福；当他退休了，他看到了什么？生活就这么过去了，在他眼皮底

① 选自克里斯蒂安·D. 拉森著《在最好的……比特 & 皮茨》第 3 页中《乐观主义者的信条》一文，新泽西经济新闻出版社 1994 年版。

下，一切都太晚了。

有些人总是冠冕堂皇地说“我正分析”，以此来隐藏拖延的事实。一个月过去了，6个月过去了，他们还是“在分析”。他们没有意识到，他们患上一种叫作“分析性瘫痪”的病，并且他们永远不会成功。

还有另一种总是说“我正在做准备”的拖延者。一个月后，他们还在“做准备”，6个月后，他们仍在“做准备”。他们一直在准备着做好准备，他们永远没准备好。他们说：“当我成为一个专家时，我会去做。”他们不明白的是，除非自己去做，否则自己永远也成不了专家。他们所做的就是，一直在找借口。

只看书本不去实践，你永远学不会游泳，你必须得进入水里。

活在当下

人生不是彩排。我不管你相信什么哲学——我们这个游戏只有一次机会，叫作人生。浪费生命风险太高了，其筹码就是我们未来的一代。

不像足球比赛那样，我们可以换人，在生活这个游戏中，我们必须玩好自己的游戏。生活中最有趣的部分是，在考验来临之前，我们把自己的错误总结为经验。人生是一条单行道，没有返回键。

时间是什么？我们在哪儿？答案是，时间是现在，我们在这里。让我们做最好的现在，并且充分利用现在。这句话不是说我们不需要为将来做计划，而是说我们必须为将来做计划。如果我们充分地利用我们的现在，就是为更美好的将来播撒种子。

如果你想要建立正向心态，就应学习“现在做”这个短语，并且停止拖延的习惯。

生活中最悲哀的词是：

· 可能做过
· 我应该做
· 我可能有
· 希望我有
· 如果我多付出一点

今天可以做的事，永远不要留到明天。

——本杰明·富兰克林

我确信，所有的成功者都有想做拖延者的时候，但是他们从没拖延过。

当有人说“总有一天我会做”时，可以肯定的是，这意味着这一天永远不会出现。

有些人总是要等一路畅通后才肯出门。这样的事是从来不会发生的。因而，这些人还没开始就已经失败，他们是可悲的。

为什么人们会拖延？

其中一个主要原因是，拖延是一种逃避现实的心态。大多数人一直推迟行动，是因为他们没有面对后果的勇气，因此他们不断往后推延。越是往后推，代价就变得越来越高。

停止拖延：是不是到了我们摆脱拖延的时刻?

第3步　培养感恩之心

感恩反映着谦恭，能让一个人一直脚踏实地。这是伟大的人生哲理：“永不忘记他人帮自己做了什么，从不记得自己帮他人做了什么。”仔细数数自己获得的福气而不是烦恼，花时间闻玫瑰的香味。现实中，经常听到有人因为事故导致失明或者瘫痪，然后从保险公司得到100万美元的赔偿。那么，我们当中有多少人情愿跟这个人互换？我想，不是很多。我们总是非常关注、抱怨我们没有的，我们失去的，看不到我们拥有的。事实上，我们有很多要感谢的事情。

当我说，仔细数数自己获得的福气而不是麻烦，我不是指一个人应当自满。如果你理解成自满，那是你理解片面，我会为沟通不畅而自责。

我们许多的福气是潜在的宝贝——请仔细数数你的福气而不是你的烦恼。

第4步　接受持续教育

我们要避免误区。通常认为，我们只是在学校或大学接受教育。当我在不同的国家教培训课时，我总是会问我的听众一个问题：“我们是从学校或大学真正接受到教育的吗?”

一般来说，只有部分人接受过，但大多数都没有接受过。不要误解我。我们在学校和大学获得大量的知识。我们接受教育需要获取知识，但是每个拥有知识的人不一定接受过良好教育。例如，一位博士可能在他的领域中拥有大量的知识，但他可能接受过教育，也可能没有。我们生活在一个知识时代，预计知识量每年翻一番。知识用起来相当方便，很容易消除无知。可悲的是，我们学过的所有的内容，都不是最重要的内容。我们学过读、写、算，但是，没有理解人类的尊严和价值，知识教育有什么益处呢？

认识教育的真正意义

知识教育影响着头脑，价值观基础教育影响着心理。事实上，不培养品德的教育会是危险的。如果我们要在办公室、家和社会培养品德，就必须达到最起码的品德素养。教育建立起品德的基本特征，如诚实、同情心、勇敢、毅力和责任——这些是绝对必不可少的。

我们不需要更多的学术教育，我们需要更多的价值基础教育。一个道德上受过良好教育的人比一个取得高学历但道德沦丧的人，在生活中更容易取得成功。我宁愿去找小镇上医术第二优秀但有品德的外科医生，也不要医术最好但没有品德的外科医生。同样的道理适用于任何行业。

没有价值观的教育

> 大学之所以培养出高技能的野蛮人，是因为我们没有给年轻人提供价值准则。这也是越来越多的人正在寻找的东西。
>
> ——史蒂文·穆勒（约翰·霍普金斯大学校长）

真正的教育是让头脑和心灵都受到教育。没受过教育的比受过错误教育的好。因为没受过教育的小偷可能会在火车上偷东西，但是，受过教育的小偷可以盗取整列火车。我们要在知识和智慧上竞争，而不是在成绩上。

事实堆积成为知识，把它们精简成为智慧。有的人可能拥有很好的成绩和学位，但仍没学到多少，因为他学到的是“学会学习”。这是人们混淆了教育和记忆力的缘故。事实上，没有心灵道德的教育，等于在社会中创建了威胁。

知识不是力量

我们总听到“知识就是力量”的说法，实际上并不是。知识是信息，是潜在的力量，只有运用恰当时才能成为力量。

一个不会阅读的人和一个能阅读但不去阅读的人有什么区别？正如本·富兰克林所说：“区别一点也不多。”

学习就像吃东西，重要的不是我们吃了多少，而是我们消化了多少。

知识是潜在的力量，智慧才是真正的力量。

教育形式有多种方式，它不只是成绩或者学位，还是：

· 培养我们的优势；

· 学习自律；

· 倾听；

· 渴望学习；

· 发展通往成功的品格。

我们的思想就像肌肉一样可以延伸或萎缩，取决于我们锻炼的多与少。

> 如果你认为教育是昂贵的，那就试试无知的代价。
>
> ——德瑞科·博科

教育并不意味着良好的判断力

这是关于一个人在路边卖热狗的故事。这个人不识字，所以他从不读报纸；他耳背，所以他从不听广播；他视力差，所以他从不看电视。但是他热情，卖出了很多很多的热狗，销售量和利润不断上升。为此，他购买了更多的肉，并买了更大更好的炉子。当生意日益红火时，刚从大学毕业的儿子，加入到他的生意中。

然后，奇怪的事发生了。儿子问道：“爸爸，难道你不知道大萧条要来了？”父亲回答道：“不知道，你跟我说说。”儿子说：“国际形势很糟糕。国内的更糟糕。我们应该为即将到来的坏时代做准备。”父亲心想，儿子念过大学，读过报纸，听过电台广播，他应该知道事实，他的建议不应该不重视。于是第二天，父亲减少了肉和面包的预订量，拿下招牌，不再像以前那样热情。很快，他的热狗摊边停下来的人越来越少，他的销售迅速下降。于是，父亲跟儿子说：“孩子，你是对的。我们是在经济萧条时期，很高兴你事先提醒我。”

从上面这个故事中，我们能学到什么？

上面这个故事迫使我们区分：做（一个）智慧的人与做（一个）小心谨慎的人。智慧是什么？智慧是快速学习的能力。有些极为聪明的人，判断力却很差。乐观和悲观带给人的状态都是可预见的——不是积极就是消极。很多时候，在这种积极或消极的潜意识支配下，出现的都是自我设定的可预见的结果。

除了运用自己的判断力外，还应慎重选择自己的顾问。悲哀的是，很多生活中的失败者，他们都成了行走的百科全书（教条主义者）。

如果一个人具备以下6点品性和能力,无论有没有受过正规教育，都能够且终将会取得成功。

· 品格　　· 决心

· 信念　　· 礼仪

· 勇气　　· 竞争力

技能和竞争力的区别是什么？

技能是一种本领，竞争力是掌握并且能够运用所学到的知识、技能等的能力。欲望是有技能的人称职胜任的心态。有许多人，拥有很多的技能，却（绝对的）完全不称职。由于缺乏欲望，他们把理论知识转化到实际应用中失败了。没有端正的心态，有能力也会浪费掉。

大学的首要职责是教育智慧而不是买卖，是品格而不是技术。

——温斯顿·丘吉尔

接受过教育的意思是什么？

周游全球的先决条件是有出入各国的护照，同样，一种有意义的、自信的生活的先决条件是受过良好的教育。

那么，谁是受过良好教育的人？
大约在两千多年前，苏格拉底针对教育给出了以下的定义。

首先，每一天都能很好地应对各种情形的人；当有情况出现时能合理判断，并且及时采取行动，很少错失良机的人。

其次，受到跟他交往过的每个人尊敬的人；能轻易忍受他人带来的不快或无礼冒犯，在力所能及的条件下，尽可能理性地待人接物的人。

此外，那些总是能做到玩乐有度，没有被不幸所压倒、勇于担当的人。在一定程度上来讲，这是为人称道之人共有的特性。

最重要的是，没有被成功宠坏，不抛弃真实自我，像智者和头脑清醒的人一样坚定不移地坚持自己的立场。因为机遇偶得之类的好事，比起通过天性和智慧做到的好事，不值得为之欣喜。

那些品行一致的人，不只具备其中一项，而是具备所有的这些，他们才是受过良好教育的人，具备所有的优点。

——苏格拉底

上述的定义是两千多年前的，今天也一样适用。

简而言之，受过教育的人，就是那些在任何情况下都勇敢，并且能智慧地做选择的人。如果一个人在智慧、愚蠢之间选择智慧，在好、坏之间选择好，在美德、粗俗之间选择美德，那么，不管他有无学术学位，都是受过教育的人。受过良好教育的人能认识到自身的局限性，并且着重于发挥自身的优势。

基础教育是什么？

森林里，一些动物决定办一所学校。学生有一只鸟、一只松鼠、一条鱼、一匹狗、一只兔子和一条弱智的鳗鱼。学校的董事会成立后，课程也随之确定了：决定给学生一个基础广泛的教育，包括飞行、爬树、游泳和打洞。所有的学生被要求学习所有的课程。

鸟极其擅长飞行，在飞行课上拿到A,但是到挖洞时，它用喙和翅膀打洞，结果嘴巴和翅膀都受伤了，还是没成功，并影响到飞行。很快，它在飞行上只得了C。当然，在爬树和游泳上，它只得了F。松鼠很擅长爬树，但不会游泳。鱼是游泳最好的，但不能离开水，所以除游泳课外，其他课均得了F。狗没去上学，一直在为把吠叫纳入课程的一部分而和当地政府做斗争，并且还停止了缴税。兔挖洞得了A，但是爬树是个难题。它总是不断失败，结果摔了跟头，大脑受损，很快连打洞也困难，只得了C。

弱智的鳗鱼，它每件事尽管只做一半，但做得非常好，成为班上毕业生代表（致告别辞的最优生)。为此，董事会很高兴，因为大家都在接受广泛的基础教育。

真正的基础教育帮助学生为生活做好准备，不会失去学生的专业领域和竞争力。

我们全都有特长和天赋

小小的蜂鸟，只有十分之一盎司重，但它的翅膀可以让它灵活地完成复杂的飞行动作。比如说，一秒钟它的翅膀能振动75次。使它能盘旋在花上喝到花蜜。但是它不能飞翔、滑翔或跳跃。鸵鸟重300磅，是最大的鸟，但它不能飞。不过，它的腿是如此强健，以致它每小时能跑50英里，每一步可达12—15英尺。

无知

与其说无知耻辱，不如说不愿以正确的方式学习、做事情耻辱。

——本杰明·富兰克林

关于知识的错觉不是教育，而是无知。愚蠢的人具备一种奇怪的自信，这种自信只和无知一起。

无知没有错，但是把无知作为一生的事业是愚蠢的。有些人积累无知，然后把实验室和教育混淆在一起。愚昧无知不是幸福，而是苦难、悲剧、贫穷和疾病。如果无知是幸福，那么为什么没有出现更多高兴的人们？如果拥有一点知识是危险的，那么一无所知也同样如此。无知导致狭隘、胆小、教条主义，利己主义和偏见。消除无知，唯靠智慧。

学校是知识的海洋：有些学生到学校学习时如饥似渴，有些则浅尝辄止，其他人则只是走过场。

常识

我们天生有五种感觉：触觉、味觉、视觉、嗅觉和听觉。但是成功者有第六感觉——常识。常识是一种能力，能看透事情，是做事情以它应该遵循的方式去完成的能力。没有常识的应用教育和知识是毫无意义的。

常识不一定是教育（出来）的结果。没有常识，最好的教育也毫无价值。丰富的常识也叫智慧。

继续教育是什么？它是磨砺你的斧头

约翰是一名伐木工，在一家公司工作了5年却从没有加过薪。同样是这家公司，雇用了比尔后仅两年时间，就给他加了薪。这让约翰产生了不满。于是，他找到公司老板问道："我在这里工作了5年，从未加过薪，比尔只工作两年就加了薪，这是怎么回事呢？"老板说道："我们是以工作结果为导向的公司，如果你的产量上升了，我们会很高兴给你加薪。"约翰回去后，投入更多的时间，更加努力地工作，但还是没能砍更多的树。约翰暗自心想："我去请教一下比尔吧，看他的产量是如何增长的。可能他知道的事情比我多。"与比尔交流后，比尔回答道："每砍一棵树后，我休息两分钟，同时磨砺我的斧头。你上次磨斧头是什么时候？"约翰说："噢噢，5年前！"

上次你磨砺你的斧头是什么时候？已取得的荣耀和教育不算什么，我们必须继续磨砺斧头。

这个故事还有另一个层面上的意思。约翰的老板说："实际上你没有5年的工作经验，你想象中的5年工作经验，实际上只是一年的工作经验，重复了5次。"

充实思想

就像我们的身体每天需要好的食物，我们的思想每天也需要正向的想法，其中的关键词是“好的食物”和“正向的想法”。如果供给自己的身体垃圾食物，供给自己的思想负向的想法，我们就会拥有一个生病的身体和一个病态的思想。我们需要供给纯净、正向的想法给自己的思想，让它时刻行驶在正轨上。

同样，积极的思想家经常打造正向心态，每天不断地把纯洁、强大、积极的想法供给自己。

积极的思想家不会戴着眼罩过生活。他们是认识到自己的局限性的成功者，但是所关注的是自己的长处。失败者，从另一方面讲，能认识自己的长处，但是他们所关注的是自己的短处。

如果我们每天上下班往返时间是两小时，且把这段时间用在我们的教育上面，比如阅读好的书籍或者听积极的已录制的信息，那么一年下来接近500小时我们可用作教育，可以使我们在我们想要的领域中出类拔萃。这相当于接受研究生的教育。

第5步　建立高自尊

自尊是什么？

自尊是我们对自己的一种感觉。当我们感觉良好，世界看起来就很美好，工作效率就会提高，我们的人际关系也变得好很多。反之也是真实的。原因是什么呢？它就是我们的感觉和行为是直接相关联的。

你怎样建立高自尊？

如果你想迅速建立高自尊，最快的方式之一就是，为那些不可能以现金或实物来报答你的人做些事情。

几年前，我开始做志愿者，花时间教导监狱里的囚犯，做一个关于心态和自尊的项目。结果，在短短几个星期内，我学到的比我在几年中学到的还多。

参与这个项目两周后，监狱中的一个犯人拦住我说道：“希夫，几周之后，我将获释。”我问他：“从心态发展项目里，你学到了什么？”他想了下说道：“自我感觉很好。”我说：“这，让我了解不到什么。告诉我，你的哪些行为发生了改变？”（我相信要么是行为改变了，要么是没学到。）

他告诉我：“自从项目一开始，他就每天读《圣经》。”我问他：

“阅读《圣经》影响到你的哪些方面？”他回答道：“现在，我对自己和他人都感到舒服、自在，这是以前从未有过的感觉。”我跟他说：“很好，但是底线是，当你离开监狱时，你要做什么？”他告诉我：“我将试着成为一个对社会有贡献的人。”我重复问了一遍，他还是同样的回答。然后，我问道：“当你离开监狱时，你将准备做什么？”显然，我期望得到不同的回答。这时，他用一种生气的语调说：“我要成为一个对社会有贡献的人。”我向他指出，他前面所说和刚才所说有一个词是不同的。第一次他说的是，“我将试着”，现在他说的是“我要”。不同的是“试”这个词。要么我们做些事情，要么我们不做。“试”这个词暗示监狱的大门还对他敞开着。

另一个犯人在听我们的谈话，他问道：“希夫，做这些你能得到什么呢？”我告诉他：“我经历到的这种感觉，已超过我可能得到的现金（货币形式的报酬）。”他接着问道：“你为什么来这里？”我说：“我来这，是出于自己私人的原因。听到这个人的事得到的感觉，就是我来这里想得到的感觉。当我感觉良好时，我的自尊心上升。当我的自尊心上升，无论在哪里，我都变得有成就感。”这种私心是健康的。简而言之，你付出什么总是能得到更多的回报。多数时候，回馈你的比你付出的更多。（前提是，你是带着不期望回报的心愿去付出的。）

另一个犯人说：“别人怎么做是他们自己的事。人们吸毒，不关你的事。为什么你不能不管他们呢？”我回答道：“我的朋友，尽管我内心不同意，但我还是妥协并接受你说的——这确实不关我事。不过，如果你能保证，当有人吸毒后去开车，真的发生了交通事故，且这类事故唯一的可能将是撞到一棵树，我将会妥协。但是如果你不能担保这些，被车撞死的人——这个人可能是你或者我，或者是我们的小孩，那么你最好相信，它确实是和我有关的事情。我必须让这个人不出现在路上。”

在生活中，每当我们做一些正能量的事情，即使没人看，我们的眼角会上扬一点。每当我们做一些消极的事，如撒谎、欺骗、偷窃，即使没人看，我们的眼角会低垂一点——这就是自尊的魔力。

有许多做志愿活动的个人和组织机构，没有现金或其他收获。如组织献血、捐献眼角膜的营地。你问他们，为什么要做这些，他们的回答是："我感觉很好。"

许多次听到父母亲告诉他们的孩子："做你感觉良好的事。"让人不理解的是，感觉良好是做善事自然而然的结果，做好事是做好人自然而然的结果。当一个人不做好事时，怎么会感觉良好呢?

"这是我的生活，我想怎么做就怎么做。" 这句短语，一旦实施就是弊大于利。一些人忽略灵魂选择，在乎方便对他们的意义。这种人，用这句短语显示出自私自利，给他们及周边的世界带来负面的影响。

这些人忘记了，我们的生活并不是隔离的。你做的会影响到我，我做的也会影响到你。我们是互相关联的。我们必须认识到，我们是在共享这个地球，我们必须学习负起责任。

世界上有两种人：付出者和获得者。获得者吃得好，付出者睡得好。付出者拥有高自尊、正向心态，他们为社会服务。通过服务于社会——我不是指一个普通的、虚伪的政治家通过假装服务他人的方式来实质上为自己服务；我也不是指贩毒者，他们牟取不义之财后，设立戒毒康复中心，并使其合法化。

我们都有获取的需求，但是一个健康品格的人的表现是，在获取的同时也愿意付出。

一个人正在清洗他的新车，他的邻居见了问道："你什么时候得到这辆车？"他回答道："这是我兄弟送给我的。"那个邻居说道："我也希望自己有一辆这样的车。"洗车人回答说："你应该希望有一个像我这样的兄弟。"那个邻居的妻子听到这段交谈，插嘴道："我希望我就是一个像你兄弟那样的人。"这是一个多么积极的想法。

第6步　远离负面影响

负面影响是什么?

负面影响是负向的人、毒品、酒、色情物品、脏话，等等。所有的负面影响都会拖垮人，耗尽本来可以用来做有建设性的、达到新高度的精力。

敏感的思想受到人们的行为和媒体的影响。来自同伴的压力，影响到的不只是儿童和青少年，还普遍影响到成人。当一个人没勇气说"不，谢谢你"，并且远离负面影响时，就显示出了他缺乏自尊。

判断一个人的品格，不仅可以通过与他交往的伙伴，还可以通过这些伙伴回避的人。

如果你跟有成就者交往，你将会成为一个有成就者。如果你跟思想家交往，你将会成为一个思想家。如果你跟付出者交往，你将成为一个付出者。如果你跟消极的人交往，你将成为他们中的一员。

在生活中每当有人取得成功时，卑鄙的人将会尝试制造事端试图拖垮他们。当你拒绝跟卑鄙的人斗争，你就赢了。武术中教导，当有人意在挑衅你时，你应该以离开取代对抗。为什么？因对抗耗费能量。为什么不将能量用在更高效的地方？同样，如果为了跟卑鄙的人争斗，你就不得不下降到他们的层面。这就是他们想要的，因为那时你已成为他们中的一员。

不要让消极的人拖累你。

抽烟、吸毒、酗酒！

根据美国卫生局的报告，90%的烟民在18岁时成为吸烟者。

猜猜，直到上述研究出来之前，是谁在赞助所有的重大赛事活动？当然是烟草公司，因为他们知道谁是他们的精准目标观众和敏感年龄群体。

> 我不喝酒的原因是，我想知道，
> 什么时候我玩得很开心。
>
> ——阿斯特女士

酗酒让一个人无所顾忌。

饮酒

在旅途中，我注意到在有些国家，人们每晚都喝酒。这已成为这个国家的全国性娱乐活动。如果你不喝，他们看你就像你犯错了一样。他们的座右铭是："你的英语有多差不要紧，只要你的威士忌很好就行。"如果一个银行家问他们，他们的液体财产是什么，他们会带两瓶威士忌。喝下几杯酒之后，顾忌下降，开始自我表现。

如今，吸烟、喝酒是时髦的。它们所有的都有第一次。如果你问人们为什么喝酒或吸毒，他们会给你很多理由，如，为了庆祝，为了开心，为了忘记问题，为了放松，为了体验，为了给他人留下深刻印象（喝酒很酷），为了赶时髦，为了融入，为了做生意。研究表明，每7人中就有一人是从随意喝变为酒鬼的。[①]

人们想让自己的行为符合同伴的压力。让我吃惊的人，同伴压力迫使人们就范竟使用的是如此的短语，如“你是不是我朋友?”“一杯送你上路。” “一杯为了你的健康。”

下面这首诗来自一个不知道姓名的作者。该诗完美地诠释了在社交上进退两难的喝酒者。

在小酒馆里，我喝掉你的健康，
在家里，我喝掉你的健康，
这些该死的许多次，
我喝掉你的健康，
我几乎毁掉了我自己!

饮酒后开车的代价是生命。杰瑞·约翰逊在他的书《它害死了我们的孩子》(第15页) 中引用美国医院协会的报告，指出进医院的一半患者都与酒精有关。根据全(美)国安全议会1989年事故案例版可知，每60秒就有一个人在酒驾的车祸中受到伤害。

色情作品

色情作品传递的只有一个信息，那就是，女人只是可以使用和丢弃的进行性行为的物体。这对女性和儿童是极不人道的。

根据全(美)国联盟保护儿童和家庭的一项研究可知，90%的强奸犯对色情作品成瘾。输入决定输出。垃圾和淫秽进——垃圾和淫秽出。就算成人，我们也是脆弱的。

色情作品带来的后果是——

· 对待女士丧失人性、伤害儿童

① 资料来源：http：//wiki.answers.com/Q/What_percentage_of_drinkers_become_alcoholics.

· 破坏婚姻，鼓励性暴力

· 取笑伦理和道德价值观

· 破坏了个人、家庭和社区

据统计，在美国每46秒就有一个女人被强奸。（国家受害者中心/犯罪受害者研究和治疗中心，1992年）。86%的强奸犯承认经常使用色情物品，57%的强奸犯承认，当他们实施性犯罪行为时，模仿的是影视上的色情场景。（威廉·马歇尔博士，1988）[①]

很悲哀地看到有些人会堕落到多低，通过制作色情物品来赚钱。

负面的电影和电视节目

现如今，孩子们从电视和电影上，比从其他的来源渠道，学到更多的心态和价值观。美国统计出的数据显示，当一个年轻人高中毕业时，他已看过超过2万小时的电视，目睹了15000起谋杀，看过10万个和酒有关的广告。[②]电视节目和广告传递的信息是，喝酒是快乐的，吸烟是迷人的，吸毒是最流行的。难怪犯罪率这样高!

肥皂剧和其他电视节目同电影一样美化婚前和婚外性行为。难怪在恋爱关系中缺乏承诺，离婚率很高。易受影响的观众，根据他们在媒体中看到的和听到的来设置他们的标准和基准。无论是谁，都从不同程度上受到影响。

脏话

说脏话显示词汇贫乏、缺少自制力和纪律。

摇滚乐

一些热门歌曲的歌词是污秽的。我们听到的音乐，我们看到的演出都影响着我们。输入决定输出。

如果你想建立一个正向心态，那么跟高尚的人交往，并且通过读书引导自己积极思考。五年后你会在哪里，取决于现在你跟谁在一起和你现在读的书。今天我们在哪里，也一样是以前选择的结果。

---

① 摘自 1995 年，国家儿童和家庭保障联盟《年度报告》。

② 如杰瑞·约翰逊的书中所述，见《它杀死了我们的孩子》第 16 页。

第7步　学着去喜欢需要完成的事

从必须要做的事情开始做，然后可能做到，突然间你正在做原来以为是不可能的事。

——圣·弗朗西斯·阿西西

运动员总是喜欢参加训练？也许不是这样。但不管怎样他都要接受训练。有些事情必须完成，不论我们喜欢不喜欢。比如，母亲关爱她的小孩。这可不总是快乐的，甚至是痛苦的。但是，如果我们学习喜欢这项工作，那不可能就变为可能了。

第8步　每天从正向的事开始

早上第一件事，读或听一些正向的事情。睡个好觉后，我们是放松的，但我们的潜意识能接受这些事。这是为一天定下基调，使我们有正确的心态，让这一天成为正向的一天。为了带来改变，我们需要有意识的努力。在生活中，致力于选择正向的思想和行为。每天练习正向思考和行为，直到它们变成一种习惯。

哈佛大学的威廉·詹姆斯说："如果你想改变自己的生活，就必须立即开始。"

如果你遵从以上8步，你就会成为一个成功者。

成功者与失败者

· 成功者总是解决方案的一部分，失败者总是问题的一部分。

· 成功者总是有一个计划，失败者总是有一个借口。

· 成功者说："让我为你做。"失败者说："这不是我的工作。"

· 成功者对每个问题能看到一个解决方案，失败者对每个回答能看到一个问题。

· 成功者说："它可能有困难，但是有可能解决。"失败者说："有可能，但是它太困难。"

· 当成功者犯一个错误时，他说："是我错了。"当失败者犯一个错误时，他说："这不是我的错。"

· 成功者一诺千金，失败者一直承诺。

· 成功者有梦想，失败者有诡计。

· 成功者说："我必须做一些事情。"失败者说："有些事情必须要完成。"

· 成功者是团队的一部分，失败者总是远离团队。

· 成功者用短期痛苦换回长期的收获，失败者用短期收获换回长期痛苦。

· 成功者看到可能性，失败者看到问题。

· 成功者认为是双赢，失败者认为一方赢另一方就得输。

· 成功者看到潜能，失败者看到过去。

· 成功者选择他们说什么，失败者说他们选择什么。

· 成功者使用柔和的词去艰苦地争论，失败者柔和地争论但是使用严厉的言辞。

· 成功者坚持价值观，但是在琐碎小事上妥协；失败者坚持小事上不让步，但是在价值观上妥协。

· 成功者遵循同情心的哲学："己所不欲，勿施于人。"失败者遵循这样的哲学："先下手为强。"

· 成功者促使事情发生，失败者等待事情发生。

成功者计划并且准备成功，关键词是做准备。

行动步骤

> 如果你失败了可能会失望，但是如果不试一下你将注定失败。
>
> ——贝弗利·希尔斯

让我们用上面讨论过的8个行动步骤结束这一章：

· 第1步：改变关注，寻找正向心态。

· 第2步：从现在开始，养成一个习惯。

· 第3步：培养感恩之心。

· 第4步：接受持续教育。

· 第5步：建立高自尊。

· 第6步：远离负面影响。

· 第7步：学着去喜欢需要完成的事情。

· 第8步：每天从正向的事开始。

行动计划

1. 基于8个步骤，你要立即致力于练习的是哪些?

在家____

在工作____

在社会____

2. 列出3个你将付诸行动的连续教育计划，如看书、听/看积极的信息/节目。

（1）____

（2）____

（3）____

3. 列出你将要练习“现在做”的3个领域。

（1）____

（2）____

（3）____

4. 识别3个极其贵重的幸运。

（1）____

（2）____

（3）____

5. 列出你能建立自尊的3件事情。

（1）____

（2）____

（3）____

6. 识别3个你想远离的会拖垮自己的负面影响。

（1）____

（2）____

（3）________________

7. 列出3件你将要做——即使你不想做但是应该做完的事。

（1）________________

（2）________________

（3）________________

8. 你会怎样做到每天从积极的事开始。

（1）________________

（2）________________

（3）________________

9. 列出3个做以上这些，你将获得的好处。

（1）________________

（2）________________

（3）________________

10. 建立一个时间表，承诺自己要做到所列这些。

第3章

成功

| 获胜的策略 |

YOU CAN WIN

Step By Step To Win

最伟大的工作保障是“绩效”。

超级强者不在徒劳无功的想法、深奥的想法或者特大的想法上面浪费时间。

他们有建设性的思考，并且知道自己的思维水平决定自己的成功。

——西蒙·埃伯斯坦博士

你需要把心思放在你想要什么，而不是你不想要什么上。

成功不是意外之事。它是你的心态导致的结果，你的心态是一种选择。因此成功与选择而不是机遇有关系。

一个牧师开车时看到一个特别美丽的农场。他将车停在农场边上，从车中出来静静地站着，欣赏着丰收在即的庄稼。农场主驾驶着拖拉机看见了牧师，便开到牧师身边。牧师对他说："上帝保佑了你，赐给你这么美丽的一个农场。你应该为此感激。"农场主回答："是，上帝保佑了我，赐给我这么美丽的农场，我很感激，但是你应该看到上帝自己拥有这整个农场的时候！"

这个故事有什么寓意？1. 自助者天助。2. 听天由命的人只等待事情发生，他们从不促使事情发生。

大多数疯子一直等待着中头奖。这个策略很少带来成功。事实上，这甚至都不是一个策略。它是一张灾难邀请函。普通人寻求保护，杰出的人寻求发展良机。

为什么当他人仍然还在做准备的时候，有的人继续向前发展着一个又一个的成功故事？

为什么当有的人挣扎却一事无成的时候，有的人却能克服人生中的一个又一个障碍，实现他的目标？

如果我们能理解上面这两个问题的答案，我们就能彻底改变自己的生活。

成功是什么？

> 如果你真的想要成功，就养成一个失败者不喜欢去做的习惯。
>
> ——无名氏

关于成功和失败的项目调查已经做过许多。成功的秘密能够从成功人士的人生经历中学到。不论在人生的哪个阶段，也不论在哪个领域，成功人士都拥有共同的特质。

成功是有迹可查的。如果能识别并具备成功之人的优良品质，我们也能成功。同样，不成功之人也有共同的特征。如果我们消除这些特征，我们就不会失败。成功并不神秘。它是简单地坚持应用一些原则引导的结果。反之亦然。失败是不断地犯一些简单错误的结果。听起来可能过于简单化，但是事实是大多数真理都是非常简单的。我不是说获取真理容易，而是说它们的内容是简单的。

如何定义成功？

是什么促使一个人成功？我们怎么识别成功？成功的表现是什么？我们怎样知道自己已经取得成功？对一些人来说，成功可能就是拥有财富；对另一些人来说，成功可能就是得到人们认可、拥有健康和完美的家庭、幸福、知足及内心平和。事实告诉我们，成功来自主观认知。对不同的人来说，成功意味着不同事情的成功。我觉得对“成功”的定义总结得最好的是：

> 成功是逐步地实现一个有价值的目标。
>
> ——厄尔·南丁格尔

请仔细看看上面对成功的定义。

“逐步”的意思是说，成功是一段行程，不是一个目的地，是一个前进的过程。我们从未到达目的地。当我们实现一个目标，就会继续实现下一个目标，然后再下一个，等等。

“实现”的意思是说，成功是一种经验，外力不能让我们感受到成功，必须是自己内心感受到。它是内在的，不是外在的。这就是为什么常常表面上看上去好像取得了成功，但内心却一点把握也没有。因而，当我们听到一些名人和亿万富翁吸毒、自杀时，也就不觉得为怪了，因为这些人内心很空虚。

“有价值”决定着我们行程的质量。生活中，人们有没有一些无价值的目标？回答是，有！什么能让一个目标有价值？我们的价值观，它决定着我们行程的质量。每当谈到价值观，我们谈论的是关于谁的价值观，对谁进行判断？比如说，我们谈论全世界普世的价值观和永恒的价值观。其中全世界价值观的意思是，它们超越了国家、文化和宗教。永恒的意思是，在我们到来之前和在我们离开之后，它们一直存在着。

当我做国际性项目时，有人问我：“难道你没看到文化差异？”我的回答是，我发现了人们的类似之处比不同之处更多。对我而言，我发现文化可能不是以表面现象作结，但它们是真正的表面现象，显示的绝对是表面问题。比如，在西方国家，竖着大拇指是表示鼓励或胜利的一个手势，但在中东的一些地区，它的意思是你侮辱我。这就是文化差异。在印度，人们崇拜蛇和鼠，这是文化；在新加坡，数字4被一些人认为是不吉利的，这也是文化。不过，情感诉求则是完全相同的形式，在新德里、纽约和新西兰，诚实和欺骗都有着同样的意思。

有价值是赋予意义并且实现了。没有实现的成功是空话，就如同金玉其外，败絮其中。在生活中，我们需要实质重于形式，不是形式重于实质。

“目标”——是重要的，因为它让我们有方向感。我们的目的地决定着我们的方向。

成功和幸福紧密相连。成功是得到你想要的，幸福是享用你所拥有的。

成功不是独自存在，它包含更多内容！

不只是存活——生活。

不只是触摸——感觉。

不只是观看——观察。

不只是阅读——吸收。

不只是听到——倾听。

不只是倾听——理解。

——约翰·H. 罗迪斯

以下是阻碍成功的因素（真实的或者可想象的）

- 自负
- 低自尊
- 缺乏正式目标
- 不承担责任
- 缺乏重点
- 缺乏野心
- 过度承诺
- 缺乏训练
- 缺乏优先顺序
- 对成功或失败害怕
- 没有计划或计划很差
- 生活不稳定
- 经济无保障
- 目光短浅
- 目标过高
- 缺乏承诺
- 缺乏坚持不懈
- 拖延或者逃避现实

我不知道成功的钥匙，但是我知道失败的钥匙是八面玲珑的。

——比尔·考斯比

成功的意思不是获得每个人的喜爱和接受。成功者不想被有些群体接受，除非迫不得已。成功者宁愿被愚蠢的人批评，也不愿意被欺骗者和坏蛋欣赏。

成功者看待成功，只不过是好运的显示，是渴望、灵感和汗水的结果——一般是这个顺序。

赢的优势

为了获得赢的优势，我们需要努力让自己优秀，而不是完美。想获得完美，不过是异想天开。努力让自己优秀是一个过程，通过连续不断的进步实现。没有什么不能做到更好，并且不断得到提升。

我们所需要的是一点优势。在赛马场，跑第一的那匹马能赢的可能性为3

比1、5比1或者10比1，这取决于概率和运气。问题是，如果这匹马在10比1的比赛中获胜，那它就是比另一匹马跑得快10倍吗？当然不是。它可能只是稍微快一点，是险胜（以一鼻之差），但是，马主人获得奖励的差距却有着10倍之巨。

这公平吗?谁在乎呢？这不要紧，是游戏规则确定的，不在乎马在赛马场发生了什么。在生活中也是这样。问题是，我们比我们的竞争者聪明10倍吗？当然不会。我们所需要的就是这个“鼻子”，因为它可以让奖励是更大的10倍。

在100个不同的领域中，提高1%比在任何一个领域中提高100%要容易得多。这就是赢的优势。

奋斗

历史证明了大多数著名的成功者，通常在他们胜利之前，遇到过伤心的障碍。他们成功了是因为他们拒绝气馁。

—— 贝提·查尔斯·富比士

在生活中，努力能导致悲剧或带来胜利，取决于我们怎样处理它们。但没有努力，胜利不会自动来到。

一位生物学老师正在教授毛毛虫是怎样变成蝴蝶的。他告诉学生们，在接下来的几个小时中，蝴蝶将会从蛹中挣扎着出来，但是不要去帮助它。然后他就离开了。

在等待中，学生们看到毛毛虫蛹开始发生变化，蝴蝶在蛹中挣扎着想出来。有个学生看到蝴蝶挣扎的样子，很同情它，就违反老师的建议，决定帮助这只蝴蝶。他弄破那个蛹，帮助蝴蝶出来，使它不再有更多的挣扎。但是，过了一小会儿，这只蝴蝶死了。

老师回来后，知道发生了什么。他向学生们解释说，这是自然法则，蝴蝶从蛹中挣扎出来，实际上是帮它发展和增强自己的翅膀，而人为帮助蝴蝶，使蝴蝶缺少了必要的挣扎，结果蝴蝶死了。

生活中我们应该适用这个同样的原则。生活中没有努力的话，就没有什么是值得做的。就像是我们最爱的父母更容易成为伤害我们的人，因为他们不允许我们挣扎和增加力量。

克服障碍

已克服障碍的人比那些从未面对它们的人更有把握。我们都有问题，有时候感觉灰心丧气。每一个人都会面对失望，但是成功者不会灰心。答案是毅力。

有个英国谚语说："平静的大海决不能造就出一个熟练的水手。"生活中没有什么来得很容易。我们不能遇到问题就跑。障碍物常常会一直不断地测试我们的勇气。

> 大多数人当他们快要取得成功时做出了放弃。他们在那一码线前放弃，他们在游戏的最后一分钟放弃，在距成功一步之遥时放弃。
>
> ——H.罗斯·佩罗

我们怎样衡量成功？

真正的成功与否取决于我们感觉工作是否做得很好，我们的目标是否已达到。

衡量成功不是由我们在生活中的位置决定，而是由我们取得成功时克服过的障碍决定。

与他人相比较我们做得怎样不能决定人生的成功，而是由我们做得怎么样比较于我们有能力做到的决定。成功者自己跟自己比较。他们更新自己的纪录并且保持不断地提高。

衡量成功不是看我们在生活中走得有多高，而是当我们失败后有多少次卷土重来。这种受挫折后的恢复能力决定着成功。成功不是没有问题，而是战胜了问题。

每一个成功的故事也是一个巨大失败的故事

失败是成功之母。IBM的汤姆·沃森先生说，"如果你想要成功，让你失败的比例加倍。"

如果你学习历史，你会发现，所有的成功故事也是巨大失败的故事。然而世人只看到成功，看不到成功背后的奋斗，并说："他很幸运，他一定是拥有天时地利。"

让我与你分享一位著名人物的人生历史。这个人在21岁时从商失败，22岁时竞选州议员落选，24岁时在商业中再次失败，26岁时他的爱人死去；27岁时神经崩溃，34岁时输掉了国会议员选举，45岁时输掉了参议院选举，47岁时竞选副总统失败，49岁时输掉了参议院选举，52岁时当选美国总统。这个人是亚伯拉罕·林肯。

一生中有这么多次失败，如果林肯经历失败后选择放弃，可能没有人会责备他，但是也就没有人会记得他了。

你会说林肯是一个失败者？他本可以选择放弃的，带着羞愧，回到他的法律行业去。但是，对他来说，失败是条迂回路，不是最终的死路。这位世界上最伟大的人，把一次次挫折变成一次次卷土重来。

1913年，三极管的发明者，李·德·富雷斯特被区律师控告，说他使用欺诈手段误导公众购买他们公司的股票。理由是他声称可以横跨太平洋传输人类的声音。当时，他受到了公开的羞辱。你能想象，如果没有他的发明，我们现在会是什么样的吗？

1903年12月10日《纽约时报》的一篇社论质疑莱特兄弟的智慧，因为他们想试着发明一个能飞的比空气重的机器。一周后，在北卡罗莱纳州的基蒂霍克，莱特兄弟完成了他们的著名飞行。

在65岁时，桑德斯上校的资产，是从社会保障机构得到100美元和一辆破旧的车。他意识到，自己必须做点什么事情来提高自己的地位。他记得母亲油炸鸡的食谱，然后动手制作油炸鸡，并走出去销售。在他得到第一个订单之前，你知道有多少家门被他敲过？据估计，他已经敲过1000多个门，才得到第一个订单。我们当中有多少人在试过3次、10次、100次后，就放弃了，然后还说自己已经尽最大努力试过了。

作为一个年轻的漫画家，沃尔特·迪士尼面前摆放着许多由报社编辑回复的拒绝信，信中说他没有绘画天赋。有一天，一位教堂里牧师聘用他画一些卡通画。他正在绘画时，一只小小的啮齿动物从教堂附近的小棚中钻出来。这是只小老鼠，激发他画了一幅新的卡通画。这就是米老鼠的由来。

上述的例子证明，成功不是不经历失败，反而是战胜无数次失败获得的。成功之人不做伟大的事情，他们只是用伟大的方式做一些小事情。

一天，一个半聋的四岁孩子回家，在他的口袋里放有一张他的老师写的纸条："你的汤米太笨了，没法教学，带他离开学校。"他的母亲读了这个纸条，回应说："我的汤米不是太笨没法学，我会教他。"这个汤米长大后，成为了伟大的托马斯·爱迪生。托马斯·爱迪生只上过三个月的学。

亨利·福特忘记把反向齿轮放入他制造的第一辆汽车里。

你觉得这些人失败？尽管有问题，但他们成功了。但是对于负面思考的人会想，看起来好像他们只是"很幸运。"

所有成功的故事都有巨大失败的故事。唯一不同的是，每次他们失败后都重新振作起来。这也叫作不进则退。你学习和前进，都应保持不断地从失败中学习。

1914年，托马斯·爱迪生67岁，因一次火灾失去了自己的工厂。

这家工厂只上过很少的保险。他不再是年轻人，爱迪生看着自己一生的努力化为乌有，说："灾难中有很大的价值。我们所有的错误都烧光了。感谢上帝我们可以重新开始。"尽管遇此劫难，三周后，他发明了留声机。多好的心态！

下面列举更多成功过程中失败的人们：

·托马斯·爱迪生在寻找合适的材料制作电灯泡灯丝时，失败了大约10000次。

·亨利·福特在40岁时破产。

·李·艾柯卡在54岁时被亨利·福特二世开除。

·年轻的贝多芬被告知他没有音乐的天赋，但是后来，他给这个世界留下了最好的音乐。

遇到挫折是不可避免的。一次挫折可以作为驱动力，也可以教给我们谦逊。在悲痛中，你将会发现勇气和信念战胜了挫折。学习变成胜利者，不做受害者。恐惧和质疑会让心灵短路。

每次挫折后，问你自己：我从这次经历中学到了什么？只有这样你才能把绊脚石变成垫脚石。

为了把挫折变成卷土重来，我们需要积极思考，并从我们的经验中学习。亨利·福特说："如果你想能，你就能。如果你认为你不能，你就不能。不论哪一种情况你都对。"事实上，你会证明自己是对的。

如果你认为你是被打败的，你是。
如果你认为你不敢做，你不敢。
如果你想赢，但是认为你不能，差不多肯定你赢不了。

如果你认为你会输，你就输了。
世界上，我们发现：
成功始于一个人的意志，
它的全部在于内心的状态。

如果你认为你是高人一等的，你就是。
你必须想办法提升，
你必须要在你能赢得荣耀之前，
就确信你自己能赢。

生活中的战斗总不会离开
对于更强和更快的人，
早晚他会赢，

因为他认为自己是能赢的人。

——沃尔特·D.温特尔

富足和成功是我们的思想和决策的结果。它决定我们有什么想法，将主导我们的生活。成功不是偶然，它是我们的心态带来的结果。

最好的礼物

人类最好的礼物是拥有思考的能力。在世界上所有的生物中，人类的身体装备是最差的。一个人不能像鸟一样飞，像豹一样跑，像鳄一样游，像猴一样爬树。人没有鹰般的眼睛，也没有野猫般的爪和牙齿。身体上，人类是无能为力和毫无防备的。一只小小的昆虫可以杀死人类。但是大自然是合理的和善良的。大自然给的最好的礼物是人有思考的能力。人类可以创造自己的环境，而动物不得不适应他们的环境。

可悲的是，很少人使用这个最好的礼物——思考的能力，并充分发挥它的潜力。

失败有两种：那些从不思考就做的人和那些想了从不做的人。生活中不运用你思考的能力就像是没瞄准就射击。

生活就像一个自助餐厅。你拿你的托盘，选择你的食物最后在另一端结账。只要你愿意付出代价，你可以得到任何你想要的。在自助餐厅，如果你等着别人服务你，你将永远处在等待中。生活也是如此。你要成功，需要做出选择，付出代价。事实上，反之亦然。我们从不为成功付出代价，就想要收获成功的回报，实际上是在为失败付出代价。

生活充满了选择和妥协

命运不是机会的问题，它是选择的问题；它不是一件可以等待的事情，它是一件需要实现的事。

——威廉·詹宁斯·布莱恩

这句话初看起来似乎是相互矛盾的，生活充满了选择和妥协。如果生活充满了选择，妥协的问题在哪里？但是，实际上妥协也是一种选择。让我们来评价它。

生活是怎样充满着选择？

当我们吃得太多，我们做出的选择是让体重超重。当我们喝得太多，我们做出的选择是在第二天头痛。如果我们喝酒开车，我们是在选择冒险，要么在一起事故中撞死别人，要么被别人撞死。当我们虐待他人时，就是选择被虐作为回报。当我们不关心他人，就是选择得不到他人的关心。当我们点燃一根烟，就是选择向癌症发出邀请。

选择会产生后果。最重要的事情是，我们在做出选择这点上是完全自由的。但是，我们做出选择之后，这个选择控制了选择器。我们没有其他的选择。成功是什么？系列积极的选择叫作成功，系列消极的选择叫作失败。我们有平等的机会去做到不平等。选择是我们自己的。生活可以比作陶艺制作者，可以把陶土塑形成任何他想要的形态。同样我们也可以把我们的生活塑形成任何我们想要的形态。

生活是怎样充满着妥协？

在我们生活中所有的一切都在我们控制之下吗？很明显不是。生活不只是聚会和欢乐，它也是痛苦和绝望。有不可思议的事情发生，有时一切事都颠倒了，有时坏事情发生在好人身上但不是好人的错。他们做错了什么？谁知道呢？有时，人天生畸形。他们做错了什么，谁能知道呢？我们没法选择自己的父母或者决定在哪儿和何时出生。如果球以错误的方式弹到了你，很抱歉。但是你会在这件事上怎么做——哭泣或带球跑？这是你必须做的选择。我们无法选择能得到什么牌，但是可以选择怎样玩这个游戏。

在晴朗的日子，有数以百计的船在湖中航行到各个方向。尽管风吹向一个方向，但帆船驶向不同的方向。为什么？它取决于水手，他决定着帆设置的方式。我们的生活也是如此。我们无法选择风的方向，但是我们可以选择怎样设置我们的船帆。

健康、幸福和成功取决于每一个人的战斗精神。大事情不是我们的生活发生了什么——而是发生了什么事情我们该怎么做。

——乔治·艾伦

即使不能总是选择环境，我们也可以选择自己的心态。这个选择是，要么行为像一个胜利者，要么行为像一个受害者。这不是我们的立场，但是我们的处置决定着成功。处置是什么呢？它是我们的态度。

创造一个彩虹，它需要雨水和阳光。我们的生活没有不同。有快乐和悲伤，有好有坏，有黑点有亮点。当我们能很好地处理逆境时，它就会增强我们。我们无法控制所有在我们生活中的事情发生，但我们可以控制我们如何处理它们。

理查德·布莱奇尼顿想要在圣路易斯世界博览会上推广印度茶。因为天气非常热，没有人想要品尝他的热茶。布莱奇尼顿看到冰镇饮料的生意红火。恍然大悟，他把茶做成冰镇的饮料，加一些糖混合搅拌，提供出售。人们爱这个冰茶。这就是世界上冰茶的产生经过。①

一颗橡子无法决定是长成一棵大树还是成为松鼠的食物。人类有选择，人类不像一个橡子那样别无选择。如果大自然给我们一个柠檬，我们有一个选择：要么哭泣，要么做成柠檬汽水。当事情出错了，你可以负责任地回应或者充满愤恨地回应——选择是你自己的。

① 节选自《最好的比特 & 皮茨》第 98 页，经济出版社，1994 年出版。

行动计划

1. 定义成功——它对你意味着什么？

____

____

____

2. 为实现成功，你必须有有价值的目标。写下你的3个最重要的目标。

（1）____

（2）____

（3）____

YOU CAN WIN

Step By Step To Win

第4章

成功的特征

| 成功之路 |

没有可靠性的能力是一种累赘。

让一个人成功的素质

1. 欲望

成功的动力来自于为实现目标而燃烧的欲望。拿破仑·希尔写道："不管什么，只要敢想并且自信，就能做到。"

> 一个年轻人向苏格拉底请教成功的秘诀。苏格拉底让这个年轻人第二天早上在河边见他。第二天，他们见面后，苏格拉底请这个年轻人陪他一起朝河水里走。当水漫过他们的脖子，苏格拉底出其不意地将年轻人摁到水里。年轻人挣扎着要露出水面，但是被苏格拉底一直摁着。当这年轻人的脸色开始变青时，苏格拉底才提出他的头露出水面。年轻人做的第一件事就是做个深呼吸。苏格拉底问道："当你在水下，你想得最多的是什么？"男孩回答道："空气。"苏格拉底说："这就是成功的秘诀。当你想要成功就像是你在水下面想要空气那样充满着渴望，你就会拥有它。"这没有其他秘密，这叫作强烈愿望。在商界，我们叫它腹中火；在体育社团，我们称它为杀手本能。

所有成就的起点都是一个燃烧的欲望。就像是一个小火苗无法提供很多的热量，一个微弱的欲望不能产生伟大的结果。

2. 承诺

诚信和智慧是建立承诺并且信守承诺的两大支柱。这一观点最好的解释是经理告诉他的一个工作职员："诚信是即使你失去金钱，也一定要信守你的承诺。智慧是不做出愚蠢的承诺。"

赢在承诺

赢和不输之间有一个很大的区别。当我们一心想赢时，就会满怀热情和信守承诺。然而，当我们只想不输时，就会把自己置于一个弱者的位置。当我们只想不输时，我们只是为了避免失败。事实上，我们都想赢，但很少有人愿意为了赢得胜利而准备付出代价。成功者就是习惯于保证自己处于获胜状态。

> 多年前，曾经的世界杯冠军法国队，在小组赛被淘汰出局。其中的一个球员说："我的任务完成了。"在同一赛事中，谁都不认为他们能成为冠军却成为强有力的竞争者的韩国队一直打到半决赛。尽管他们输掉了比赛，但赢得了全世界的心。区别是什么？一个是为了比赛而比赛，另一个是为了他们国家参赛。这也是为了赢而比赛与为了不输而比赛之间的区别。当我们为了赢而比赛，我们发挥出灵感。当我们为了不输而比赛，我们发挥出绝望。这两者之间有很大的区别。

没有理想的环境，永远不会有。要到达任何目的地，你既不能漂移也不能躺在锚点。你需要有时顺风航行，有时逆风行驶，但是你必须航行。

问问任何教练或运动员，来定义最好的和最差的球队的区别，会有很少是在球员的体质、天赋、能力上的差异，最大的区别是情感上的不同。胜利的团队有奉献精神和付出额外的努力。

他们有更强烈的赢的欲望。成为一个成功者，要比竞争对手更加强硬：

- 更大的激励
- 更强的动机
- 更好的表现
- 更愉悦的胜利

新的挑战培养新的潜能。大多数运动员最好的表现出现在当概率稍微不利于他们时。这是因为当他们遇到这种情况时，他们会深入地挖掘出潜能。

> 当我感觉到疲倦想停下来的时候，我会想我的对手会做什么。当我想象到他仍然在工作时，我会开始督促自己。当我想象到他在沐浴休息时，我仍会督促自己更努力。
>
> ——丹·盖布尔（摔跤奥运冠军）

成功不是在于成就，而是在于实现。有些人从来不去尝试，因为他们害怕失败。同时，他们又不想停留在原地，因为他们害怕落后。不论哪种方式都有风险。船只驶入水中，就会有面对暴风浪的风险。但是如果它们停在港口，无论如何它们都会生锈，何况这也不是建造它们的用途所在。赢和不输之间的区别是能不能承担义务和愿不愿意冒险。敢赢的人在压力下茁壮成长，只想不输的人不知道怎样成功。

承诺让敢赢的人更加努力地采取行动。对那些只想不输的人而言，压力使他们的精力衰竭。尽管他们也想成功，但是他们太过于害怕失败，也就不能全面地释放自己的潜能。他们因担心失败而失去动力，也就不能专注于获取成功。

失败者想要安全，成功者寻找机会。失败者对生活比对死亡还害怕。失败不是一种罪，但缺乏努力是。

> 无论人们致力于哪个领域，人生的质量都跟对卓越的追求成正比。无论他们选择哪个领域努力。
>
> ——文斯·隆巴迪

1. 责任

一种责任转变为欲望，最终转变为一种乐趣

有品格的人们承担责任。他们做出决策，并且决定他们自己人生的命运。承担责任包含冒风险并且负责，有时候这样是不舒服的。大多数人宁愿停留在他们的舒适区，不承担责任，过他们消极的生活。他们苟存于世，等待着事情去发生，而不是促使它们发生。承担责任包含不犯傻，承担预计的风险。它的意思是评估所有的利和弊，然后，采取最合适的决策或者行动。负责的人们不认为世界欠他们一个生活。

> 你不能靠令人气馁的节俭带来富有的生活。
>
> 你不能靠削弱强者来增强弱者。
>
> 你不能靠使富人贫穷来使贫穷的人富有。
>
> 你不能靠借钱来建立健全的安全保障。
>
> 你不能靠拖垮雇主来帮助雇员。
>
> 你不能靠剥夺一个人的主动性和独立性来建立品格和勇气。

你不能靠煽动阶级仇恨来增进人们的情谊。

你不能靠支出大于所得来解决问题。

你不能靠帮他人做他们能做且应由他们自己做的事情来实现永久地帮助他人。

——亚伯拉罕·林肯

以上的每一句陈述都是林肯说过的，具有普遍性的、永恒的意义，值得再三重申。你不能通过削弱强者来增强弱者，而是必须让他们建立自己的强势。

如果你在爬一座冰山或者在一场战争中战斗，一个小错误可能害死你。当事情发生错误时，消极的人们就开始埋怨。

一位公司总裁，在正式的退休仪式之后，给新任总裁两个信封，上面写有数字1和2，并且说："当你遇到一个你自己不能处理的经营危机时候，打开信封1。在下一次危机时，打开第二个信封。"

几年后，一次巨大的危机来了。接任总裁走向保险箱拿出第一个信封。上面写着："把责任推到你的前任头上。"几年后，第二次危机来了。这个总裁找到第二个信封，上面说："准备两个信封给你的接替者。"这个故事的寓意是什么？失败者找替罪羊和借口。他们不愿承担责任。

2. 努力工作

马克·施皮茨在慕尼黑奥运会游泳比赛中，打破新的世界纪录，赢得7枚金牌。我确信有些人会认为他是幸运的。马克·施皮茨在1968年墨西哥奥运会游泳比赛中赢得3枚金牌（实际是获得2枚金牌）。他幸福，但是不快乐。从1968年到1972年，从墨西哥到慕尼黑，他训练时间超过10000小时，如果你数学好的话，它等于每年2500小时，如果你精于数字计算，它接近于平均每天8小时，没有星期日。你每天在水中待8小时，连续4年每天都是，你的身体会皱缩。他幸运吗？幸运不是被设计成带给你生活中这样的事情。运动员训练15年只为15秒的表现。去问问他们是不是幸运。没有什么可以替代努力工作。

大多数人想要取得成功，但是很少有人愿意为实现成功而付出代价。如果你和我愿意像马克·施皮茨一样训练10000小时，有可能，我们也能参加奥运会比赛。问题是，我们愿意做吗?

运气？我对运气一无所知。我从不指望它，也害怕有人依靠运气做事情。对我来说，运气是一些其他的事情，即努力地工作——并且意识到什么是机会和什么不是。

——露西尔·鲍尔

成功不是你偶然遇到的事情。它需要大量的准备和人格力量，需要做出牺牲和自律。没有什么可以代替努力工作。亨利·福特说:“你工作越努力，就会越幸运。”

世界上有许多任劳任怨的职员，有些人积极主动工作，有些人愿意接受别人的安排。多么真实啊！假日酒店的首席执行经理威尔逊说:“我喜欢工作半天，不管是前12小时还是后12小时。”

就像是一个人坐在字典上也学不会拼写一样，他不努力工作也就不能锻炼出任何做事情的能力。专业人士做事看起来容易，是因为他们不管做什么事，都先掌握了它们的基本原理。米开朗基罗说:“如果人们知道了我必须工作才能达到精通的程度，就知道成功之路看起来根本不那么美妙。”

一般人在他的工作中只用到25%的精力和能力。在工作中使用超过50%能力的那些人，全世界会向他们脱帽致敬，那些极少数的愿意投入100%的能力工作的人，全世界都站在他们这边。

——安德鲁·卡内基

成功者会问“工作有多少，”而不是“工作少”；他们会问“要多多少小时”，而不是“要少多少小时”。他们考虑是按秒和分钟来计算，而不是按小时和天。对他们来说，每一秒都极为珍贵。浪费时间等于浪费生命。最好的音乐家每天练习，常常一练习就是数小时。成功者不需要为自己长期努力的工作并取得成功而道歉。

我们所享受到的一切，都是他人辛苦工作的结果。有些人的工作是有形的，有些人的工作是无形的，但是最终，两者都是一样的重要。所以每当有机会，就应为你的工作感到骄傲，感谢、重视并且尊重那些辛苦工作的人。努力并且很好地工作，看到自己的项目完成，你将得到满足感。有时，他人可能会表示感谢，但这是一种奖励，主要的满足感来自于自己的内心。

很多人不理解空闲时间和休闲时间的区别。空闲时间相当于浪费时间或偷取时间，休闲时间是挣来的。享受休闲时间使我们精力充沛，恢复了精神。空闲时间削弱了我们的精力。拖延形成了空闲时间。

卓越没有运气成分，它是辛勤劳动和追求完美的结果。

毫无疑问，人生最好的礼物是获得在一些值得去做的事情上努力工作的机会。

——西奥多·罗斯福

努力工作既是起点又是目的。一个人工作越努力，感觉就越好；感觉越好，工作就越努力。想法再好而不去践行，也就只能是空想。没有意志力、不知道努力工作，天才也会成为废物一个。

我们需要从自然中学习。鸭子一直不停地划水，在水下坚持不懈地划，但是在水面上看起来很平静。

有一次，伟大的小提琴演奏家弗里茨·克莱斯勒表演完一场音乐会，有人来到舞台前说："我宁愿付出我生活中的所有，为了能像你这样拉琴。"克来斯勒回答说："我就是这么做到的！"

成功没有魔杖。在现实世界中，成功来自于实干家，不是观察员。拉车的马不能踢脚，踢脚的马不能拉车。

自然供给鸟儿食物，但是没有放到他们的巢里。它们必须努力寻食。没有什么是容易的。弥尔顿每天4点起床，著写《失乐园》。编译《韦伯斯特的字典》，花去了诺亚韦·伯斯特36年。

即使微小的成就，也需要辛苦工作。一个微小的好的行为，比一个伟大的意图要好很多。很悲伤但真实的是，世界上没有在工作的人比失去工作的人更多。

有些人只要他们找到工作就开始工作。不管失业统计数据怎样，雇到合适的人才还是比较难。

你一定听说过很多次，不要只是努力工作，而要更聪明地工作。聪明地工作是什么意思？它的意思是：(1) 从他人犯过的错误中学习，因为我们的一生不会长到足够我们犯下所有的错误。(2) 我们需要找到一个方法或方式，以加快我们到达目的地并实现目标。加速度的意思是，加快推进过程，不是绕过过程。聪明地工作不是放弃价值观。生活中取得成功的关键是，既聪明又努力地工作。没有什么可以代替努力工作，既努力地工作，又聪明地工作。

3. 品格

> 不要为一次成功而努力，而应为做一个有价值的人而努力。
>
> ——阿尔伯特·爱因斯坦

品格是一个人的价值、信念和个性的总和，反映在我们的思想、行为和行动上。它比世界上最宝贵的首饰更需要保存。成功需要品格。乔治·华盛顿说：“希望我总是拥有坚定的、足够的美德，保持着我认为最具价值的职称，一个诚实的人的品格。”这不是民意测验或者公众舆论，而是决定历史进程的领导人的品格。在正直领域没有黑暗地带。如果所有其他的一切都是建立在品格这个基础上，那么，它们将永存。

成功之路上有很多的陷阱，需要大量的努力和良好的品格才能不陷入其中。它还需要有面对批评不灰心的品格。否则，没有人会去踢一只死狗。

品格是一个组合

品格是三个核心价值观的联合体：正直、尊重和责任。所有其他的价值观都是支撑的价值观。所有积极的行为，如诚信、无私、理解、信念、勇气、忠诚、真诚、勤奋等，都来自于我们的核心价值观。品格比个性更深入。良好的品格是什么？

· 它是沉着稳重。

· 它是脚踏实地，自信而不自负。

· 它是体贴入微、善解人意。
· 它是承担责任、不找借口。
· 它是谦恭有礼、不拘小节。
· 它是知错就改。
· 它跟金钱、出身无关。
· 它从来不损人利己。
· 它重在实质，不在形式。
· 它是既能与精英同行，同时还保持跟普通人的联系。
· 它是一句温柔的话，一个友好的目光和一个善意的微笑。
· 它是反对暴行的勇气。
· 它是自己和他人都舒适。
· 它是具有经典的联系，赋予获胜的优势。
· 它是容易识别，难于定义。
· 它是在胜利和失败中的优雅。
· 它不是名望和财富。
· 它是永久的。
· 它是无形的，而不是一块牌匾。
· 它是不屈、谦虚、礼貌和文雅。
· 它是优雅、而不是狂妄。
· 它是自律和知识。
· 它是独立自主。
· 它是诚信可靠。

人类的天性是这样，有时候，在我们取得的成就最伟大的时刻，我们开始偷懒最终导致失败。为了维持成功，一个人需要大量的自律、平衡、谦卑和决心。

许多的人知道怎样成功，但是当他们成功之后，他们不知道怎么办了。这也是为什么能力和品格是紧密联系的。能力将带你成功，品格帮你维系成功。

我们不展示或者发现我们自己——创建和打造自己成为我们想要成为的那种人。

品格建立始于幼年，一直持续到死亡为止。品格不需要成功，它本身就是成功。就像是一个园丁需要不断除草才能防止杂草侵蚀花园一样，我们也需要通过除去我们的错误来不断建构和培养我们的品格。

约翰·F.肯尼迪曾说过，当事情变得不好时，一个人的行为表现有多好，就是品格的标记。当事情顺利时，做到符合逻辑、善良和亲切很容易。但是当事情进展不顺，处在很大压力下，其他人保持头脑清醒，继续对他人示以很尊重的时候，有些人却不能清晰地思考，而是对自己周边的人厉声斥责。

4. 积极的思考和信念

积极的思考和信念是什么?

积极的思考的意思是一个人专注于解决方案或者成功，而积极的信念的意思是一个人有理由相信自己会成功。

积极的思考和积极的信念之间的区别是什么?

有一种误解是，积极思考者在生活中一切皆有可能。不管我多么积极，我也做不了患者的肾脏移植手术并且期望他们活下去。现实是，积极的思考并不能保证成功。但是，积极的思考和积极的努力、行动增加了我们成功的概率。

拳王穆罕默德·阿里每次走进拳击场时，他总是想："我是最伟大的，我是冠军…… 我是最伟大的，我是冠军。"他从不说，我希望我能赢。他总是给自己心理暗示。这就是积极的思考或者积极的心理调节。他以前总是看着他的对手说："你有带子，但我是冠军。"在进入拳击场之前，还在外面的时候，他已成为一个冠军。但是，他不是只靠叫喊"我是最伟大的，我是冠军"来成为一个冠军的。在他进行积极思考的同时，他并没有整天坐在自家客厅里看电视、吃爆米花。他所有的时间都用于在拳击场里打沙袋。他的积极思考支持着积极行动，这使他相信结果会是积极的。积极思考是一种补充，不能替代一个行动计划。当一个人有理由相信自己会成功时，这就是积极的信念。

要想在生活中取得成功，需要技能和意志。二者缺一不可。但是在这两者之间，意志比技能更重要一点。技能可以匹配，但是当你处于劣势并且受伤时，需要意志拉你一把，使你振作起来，再推你一步，这就到了成功的边缘。虽说老生常谈，它仍然具有伟大的意义。普通的和非凡的之间的区别只是"额外的"。

积极的信念胜于积极的思考。它是知道积极的思考会奏效。积极的信念是来自于准备的自信态度。

如果你能听到自己真实的想法，会怎样呢？它们是积极的还是消极的？你在心中规划着成功还是失败？你的思维方式会对你的表现有深远的影响。

拥有正向心态和积极性是我们每天要做的选择。积极的生活不容易，但是消极的生活也不容易。非要做出选择，我宁愿选择积极的生活。积极的思考和积极的行动能帮助你充分地运用自己的能力。

拥有一个正向心态却不努力，不过如同做白日梦。下面例子说明了什么是积极的信念。

> 几年前，洛克希德公司引进了L-1011三星飞机。为了保证安全和测试喷气式客机的强度，洛克希德公司将飞机暴露在可能出现最恶劣的情况下18个月。这是一个花费1.5亿美元的项目。用液压千斤顶、电子传感器和一台计算机设置测试这架飞机，超过36000次模拟飞行（相当于几百年的航线服务），无一例故障。最后经过几千次测试之后，这架飞机获得批准印章（正式飞行许可）。①

洛克希德公司有理由积极地相信自己能测试成功吗？当然有。有充分的理由相信这架飞机是安全的，可用于飞行，因为在准备工作中做到竭尽全力。

5. 比你得到的付出更多

我有一个好几百人参与的项目，这几百人是一个不同职业混合的群体，里面有医生、律师、会计、工程师、木匠、管道工、电工。我对这个群体说：“从古至今，现代人在生活中更容易获得成功。不论你从事哪种职业，都没有竞争对手。”当我复述两次后，一个人打断我的话并让我解释，我们怎么没有竞争对手。我问他：“告诉我，走在这条街上的这些人，你觉得有多少人愿意付出大于所得？答案是，‘几乎没有。’”我继续说，“大多数人甚至不想做到，给多少报酬干多少事；还有些人只想做到，自己的付出与所得到的报酬基本说

① 选自丹尼斯·金布罗著《每日动力：非洲裔美国人的成功》，纽约福斯特出版社1993年6月29日出版。

得过去就行；只有非常少的一部分人愿意干得多，（报酬）拿得少。”然后我问他：“如果你属于后者，不论你从事什么职业，告诉我你的竞争对手在哪里？现在，你甚至找不到一个好律师，或一个会计或一个电工或一个管道工。问题是，你是否愿意干得多，拿得少？如果你看看历史，就会发现大多数成功人士或组织，他们都拥有成功、持续成功和保持信誉这些特点，靠的就是这样的原则：‘无论在家庭、组织还是社会，我总是要做到付出大于所得。’如果我们按这条原则来生活，你告诉我哪里还有竞争对手？事实上，我们成为了竞争者，但没有竞争对手。”

为什么你应该干得多？付出大于所得的好处是：

· 不论你在哪里做什么工作，你都让自己变得更有价值。
· 它给你更多的信心。
· 人们开始把你视为领导者。
· 他人开始相信你。
· 上级开始尊重你。
· 它会培育来自上级与下属的忠诚。
· 它产生合作。
· 它产生自豪和满足感。

如果我们付出额外的努力，又能在哪里遇到竞争对手呢？

> 如果你为一个人工作，就看在上帝的份上为他工作。
>
> ——金姆·胡巴尔德

按照以上理念生活的人，不论什么年龄、经验还是学历，走到哪里都是受欢迎的。他们：

· 能在无人监督下工作。
· 是准时的和考虑周到的。
· 仔细聆听，并且准确地执行指令。
· 在紧急情况下，当要求奉献时不抵触。
· 是以结果为导向，而不是以任务为导向。
· 是性格开朗的和有礼貌的。

总是想给予你的客户、朋友、配偶、父母和子女比他们所期望的多得多的付出。每当你做什么事情时，都问问自己："怎样让我正在做的事情增加更多的价值？"或者"怎样给他人增加更多的价值？"

成功的关键可以用四个字概括："然后更多。"成功者做他们应该做的——然后更多。成功者履行他们的职责——然后更多。成功者做到有礼貌的和慷慨的——然后更多。成功者做到能被指望的——然后更多。成功者投入100%——然后更多。即使受伤，他们也总是更加努力。

生活中为什么有些高学历、高智商的人会失败，或者最好的一面也只是表现平庸？这是因为他们变成了成事不足和建立负能量储存的专家。这就难怪他们会失败了。只有当他们做到付出大于所得时，他们才能消除竞争对手。这种心态远远比智商或学历更重要。

6. 坚持不懈的力量

许多次我被人问道，如果只有一个素质能带来成功，会是哪一个？我的回答是："首先，它不是一个素质，而是个组合。但是如果只有一个，我会说它应该是坚持。"坚持是反弹能力。所有的成功人士之所以获得成功，是因为他们做到了坚持。卡尔文·柯立芝说：

> "没有什么可以取代坚持。才华不能，没有什么比有才华的人碌碌无为更普遍；天赋不能，有天赋的人劳而无获已成为司空见惯的现象；教育不能，这世上充斥着有学问的弃儿。唯独坚持和决心是万能的。"

卡尔文·柯立芝说得多好啊。才华、天赋、教育都抵不上坚持。这世上充斥着有学问的弃儿。多么真实！只有坚持是万能的。

人生旅途中要做到最好并不容易。它充满了挫折。成功者坚持并且有能力克服困难，还有更强的意志重新振作起来。下面这首《永不言弃》，切实地改变了我的生活。

永不言弃

当事情不如人意时，

当前行举步维艰时，
当经济入不敷出时，
当叹息掩盖微笑时，
当烦恼不堪重负时，
休憩片刻，别半途而废。

生活一路迂回曲折，
我们每个人都身临其境，
坚持到底，就会看见成功的曙光。
尽管步履维艰，但永不言弃，
低潮过后，成功可能不期而至！

拨开失败的阴翳，就是成功的银光，
你永远不知道成功有多远，
或许它近在咫尺，却感觉远在天涯，
在遭受最猛烈的打击时坚持到底，
在遇到困难时永不言弃！

——无名氏

有一次，伟大的小提琴演奏家弗里茨·克莱斯勒被问道：“你是怎样演奏得这么好的呢？你幸运吗？”

他回答说：“练习。如果我一个月不练琴，观众能听出区别。如果我一周不练琴，我的妻子能听出区别。如果我一天不练琴，我能听出区别。”

这个故事的寓意是什么？是坚持，勤奋工作和收获自豪是分不开的。

坚持来自承诺，并让人下定决心。在忍耐中有乐趣。台上一分钟，台下十年功。坚持是一个决定，是一个完成你着手做的事情的承诺。当我们筋疲力尽时，放弃看起来很好，但是成功者选择坚持下去。问一个获奖的运动员，他会告诉你，他忍受疼痛完成了他着手做的事情。许多失败的人开始时做得很好，但是因没有选择坚持，也就未能完成任何事情。坚持来自目的。没有目的的生活是漂泊。一个没有目的的人永远不会坚持，也永远不会感到满足。

7. 为工作而自豪

在当今世界，工作的自豪感已经靠边站，因为它需要付出努力和辛勤的汗水。对此，除了刻意为之外，什么都没发生。当一个人气馁时，寻找捷径是很容易的。对此，不管有多大的诱惑都应该避免，唯有发自内心的自豪感——才能给予获胜的优势。

自我赞许并不代表自高自大，它所体现的是谦逊工作的高水准。工作质量和工人的素质紧密相关。一半的努力并不会带来一半的成果，而是没有成果。

有三个人在砌砖。一个路人问他们在做什么。第一个回答说："你没看到，我正为谋生而工作吗？"第二个人说："你没看到，我正在砌砖吗？"第三个人说："我在建造一座美丽的纪念碑。"三个人做同一件事，却对自己的工作，有着完全不同的观点，有着三种截然不同的心态。他们的心态会影响到他们的工作吗？答案是肯定的。为工作而感到自豪的人，会要求自己比其他人承担更高标准的责任。

优秀源于表演者尽其所能地全心投入。每一份工作都是工作者本身的自画像，不管这份工作是什么——洗车、扫地或油漆房子。

第一次就做好！每一次都做好！未来最好的保障源于今天完美的工作。

米开朗基罗曾为了一件雕像工作多日。他花很长的时间修饰每一个细微之处。一个旁观者认为这些改进毫无意义可言，因此问米开朗基罗，为何如此煞费苦心。米开朗基罗回答道："细节造就完美。完美却不是细节。"

大部分人不会记得你完成一件工作的速度有多快，但是他们会记得你的工作成果有多好。

如果一个人成为了街道清洁工，他就应该像米开朗基罗绘画一样，或者像贝多芬创作音乐一样，或者像莎士比亚写诗一样，去清扫街道，他应该把街道打扫得干干净净，让天使和凡人都会停下来，说一句："这里住着一位了不起的街道清洁工，他工作做得非常棒。"

——马丁·路德

出色完成工作的感觉本身就是一种奖励。把事情做好比糟糕地做很多的事情更好。

8. 甘为学生——找一位导师

如果上帝和老师（大师）站一起，学生最先会向谁致敬呢？根据印度文化，答案是老师，因为没有他的指示和帮助，学生不可能认识上帝。

导师或老师能让他在后天获得的知识转化为学生的先见之明。请仔细选择你的导（老）师——一位可以指引你的人。好的导（老）师在指导的同时还能给予方向，而坏的导（老）师会误导。请奉上你的尊敬，做一个感兴趣的学生。这样就能从导（老）师身上获得最大的收益。

最好的导（老）师不会给你喝的东西，他们会让你对知识如饥似渴；他们不会给你答案，但是会把你放到寻找答案的道路上。

有一次，有人问一个刚刚取得研究生学位而毕业的科学家，你是什么学历？这个毕业生回答，我是理科硕士。然后，问他的教授同样的问题，这个教授回答，我是一个理科学生。

是不是令人惊奇？一个做不到好学生的人也成不了一个好老师。

你有没有获得成功的素质？

我们每人都有成功的素质吗？有些人感觉自己没有。他们一直处于平庸和失败状态。他们并不是必须这样。本章讨论了我们具备的每个素质。这些素质可能还没有发展到你想要的级别，但是它们是存在的。你可能不知道它们的存在，但是一旦你发现它们，生活就会有新的转折，并且变得更好。

这就像是在你家后院埋有100万美元，你不知道时就不可能使用它们。但是当你发现时，你的想法和行为将会改变。其实，我们每个人都有隐藏的宝藏。所以我们所要做的就是带它们到地面，并使用它们。

成功的速成课程

- 为了赢参加比赛而不是为了不输。
- 从他人的错误中学习。
- 与品德高尚的人交往。
- 比自己得到的付出更多。
- 不要寻找不劳而获。
- 总是从长远考虑。
- 评估自己的长处并以它们为基础。
- 当你做决定时，总是从大局着想。
- 从不妥协你的正直。

行动计划

1. 写三件你承诺要做的事情，你将在哪些方面付出大于所得：

我的家人：(1) ____________ (2) ____________ (3) ____________

我的客户：(1) ____________ (2) ____________ (3) ____________

我的组织：(1) ____________ (2) ____________ (3) ____________

我的社会：(1) ____________ (2) ____________ (3) ____________

2. 回顾你近三年的生活，写出从每次挫折中，你学到了什么。

（1）挫折________________________________

学习________________________________

（2）挫折________________________________

学习________________________________

（3）挫折________________________________

学习________________________________

本·富兰克林确定了十三项美德，并且每周做到其中的一个。在第13周的最后，他开始再循环一遍。

本·富兰克林确定的十三项美德：

（1）节制 （2）沉默 （3）秩序 （4）决心

（5）节俭 （6）勤勉 （7）诚信 （8）正义

（9）适度 （10）清洁（11）宁静 （12）贞洁（13）谦卑。

3. 本章中成功的十个关键点，你决定怎样做？

- 欲望
- 一诺千金
- 责任
- 努力工作
- 品格
- 积极的信念
- 比你得到的付出更多
- 坚持
- 为工作而自豪
- 成为学生，找一位导师

YOU CAN WIN

Step By Step To Win

第5章

阻碍我们实现目标的是什么？

| 害怕和自我怀疑 |

能力会让你到达那里。

品格会让你保持在那里。

唯一限制我们实现明天理想的障碍，是我们今天的疑虑。

——富兰克林·D.罗斯福

如果你开车时，踩住刹车踏板会发生什么情形？因为刹车产生的阻力，你永远不能全速前进。你的车会因温度过高而发生故障。就算没出故障，阻力也会给引擎带来压力。要到达你的目的地，你必须在下面这两个情况中选择其一：要么努力加大油门冒着损坏车的风险，要么松开刹车踏板，让汽车跑得更快。

这个比喻与生活很相似，因为许多人都是踩着我们情感刹车踏板度过一生。刹车寓意什么？它寓意阻止你实现成功的因素——恐惧、拖延、缺乏自尊心，等等。通过建立正向的心态来释放情感刹车踏板，以实现自我价值并且承担责任。

失败——为什么我们做不到卓越的20个原因

生活就像一辆十档变速车，有各种档位可选择，但很多人却忘了怎么用。

——查尔斯·舒尔茨

有20种因素能导致你失败。通过克服这些因素，就可以释放阻碍你成功的刹车踏板。

1. 不愿承担风险

成功涉及预估风险、承担风险。承担风险不是指愚蠢的赌博和不负责任的行为。

有时人们把不负责任和鲁莽的行为，错当成承担风险。最终带给他们负面结果，而他们却归咎于运气不好。

承担风险是相对的。对不同的人来说，风险的概念也不同，可以是培训的结果。对两个登山者而言，一个训练有素，一个是新手，尽管爬山是有风险的，但是对于受过训练的那个人来说，并不是不负责地承担风险。负责任地承担风险是基于知识、培训和能力——当面对恐惧时给予信心和勇气这些让人采取行动的因素。从不尝试任何风险的人不犯错误。但是，不做尝试比起尝试过了失败来说，往往是一个更大的错误。

有一次，有人问一个农民有没有种当季的小麦。农民回答道："没有。我害怕天不下雨。"那人又问："你种了玉米没有？"农民回答道："没有。我害怕虫子会吃玉米。"那人接着问："你种了什么？"农民回答道："什么也没种。我想要安全。"

这个故事的寓意是什么？寓意是，承担风险是生活的一部分，但很多时候，不承担任何风险会成为最大的风险。不冒任何风险的人，什么也不做，什么也没有，人生变得毫无意义。优柔寡断是后天形成的习性，并且具有传染性。因为优柔寡断会让人失去很多机会。承担风险，但不要投机。承担风险的人是睁着眼向前走，赌徒是在黑暗中打猎。

下面这首诗很好地解释了什么是风险。

风险

大笑，有可能被当作傻瓜；
哭泣，有可能被说成多愁善感；
伸出援手，有可能被卷入风波；
袒露情怀，有可能暴露真我。
在众人面前谈论个人观点与梦想，有可能失去听众。
主动去爱，有可能遭到对方拒绝。
活着，有可能面临死亡。
希望，有可能身陷绝望。

尝试，有可能遭遇失败。

然而，生命必须冒险，皆因，
什么都不去冒险所带来的危害更大。
什么都不去冒险的人，
将一事无成、一无所有、一无是处。

——珍妮特·兰德

2. 缺乏坚持

当问题看似无法解决时，放弃可能是最简单的方法。对于每个婚姻，每份工作，每个关系，都是如此。成功者是被击中但未被摧毁的人。生活中，我们都经历过挫折。但是失败过并不意味着就是失败者。

坚持和顽固之间的区别是什么？区别在于坚持代表着一个强烈的决心，而顽固代表着一个强烈的“不”！

大多数人失败并不是因为他们缺乏知识或天赋，而是因为他们选择放弃。成功的全部秘诀在于两个特质：坚持和抵抗。在必须要做完的事上坚持，在不应该做的事上抵抗。

英雄并不是因为他比别人更勇敢才成为英雄，而是因为他勇敢的时间更长。

——拉尔夫·沃尔多·爱默生

3. 即时享乐

一夜致富的愿望使得彩票业务生意兴隆。我们生活在一个即时享乐的时代，总认为有一种万能药，可以解决任何事情，从叫醒你，到让你入睡。人们想要这个万能药，去解决他们的问题。同样的方式，当人们想要快速成为百万富翁时，他们走捷径，并且在他们的诚信上选择妥协。

请记住，当一个人为了即时享乐、从不去想后果时，所获得的只有短暂的快乐。

当今的一代把理想的饮食定义为，获得一份永远减轻5磅体重的食物。这些人都是不想工作，却想获得所有报酬的人。

当你只考虑眼前，不做长期打算时，是目光短浅的表现。由于目光短浅，你永远也看不到任何有价值的目标。

当今人们的问题是他们想要招之即来的答案，寻找一分钟能解决所有事情的解决方案。就像速溶咖啡，他们想要即刻幸福，但是没有快速的解决方案。这种心态带来失望。

4. 缺乏优先次序

确定优先事项是成功的关键。如果一个人失去了健康，挣到数百万有什么好处呢？如果一个人失去了家庭，挣到数百万有什么好处呢？如果一个人丧失良知，挣到数百万有什么好处呢？这样做值得吗？

我们的优先次序是基于我们的价值观。当人们不应该做替换时，他们做出了替换。比如，在人际关系中，他们用金钱和礼物换取感情和时间。有些人发现给自己们的孩子和配偶买东西可以弥补他们的缺席，比花时间跟他们互动交流更容易。

当我们没有选择正确的优先次序时，我们就是在浪费时间，意识不到浪费时间就是浪费生命。优先次序要求纪律，做必须要完成的事，而不是根据我们的情绪和幻想来采取行动。这些都过于强调成功和失败，而不是做到自己最好的。

你是怎样应对失败和问题的？

你对这个问题的回应显示了你的品格。解决成功之谜的钥匙之一是理清你的优先次序。有些人着眼于金钱、权力、名誉或财产。我们必须理清我们的优先次序。

通过阅读或记忆这些原则不能实现成功，成功来自于理解运用这些原则。成功的原则之一就是优先次序。

5. 寻找捷径

如果你仅通过上了一个周末课程，就成为一名神经外科医生，猜猜结果会是怎样？结果将会是一个灾难。

看上去更简单的方法，其实可能是更行不通的方法。

有一次，一场百灵鸟歌唱比赛在森林里举办。一个农民带着一盒装满虫子的盒子来了。百灵鸟拦住了他问："你要去哪里？你的盒子里面有什么？”这个农民回答，他有一盒虫子，他正准备去市场用虫子换一些羽毛。百灵鸟说：“我有许多羽毛。我将拔掉一根给你，那样就省得我寻找虫子。”于是农民把虫子给百灵鸟，百灵鸟拔掉一根羽毛作为回报给农民。第二天又发生了同样的事情，第三天发生了同样的事情，第四天一直持续，直到有一天，百灵鸟没有羽毛了。到此，它不能飞去寻找虫子，看起来丑丑的，也停止了歌唱。很快它死了。

上面这个故事展现了失败者的行为。他们为了取得短期的收益，最终遭受到长期的痛苦。

这个故事的寓意非常清楚——百灵鸟想到的获取食物的这个简单方法，结果证明是更行不通的方法，因为生活中没有捷径。

在我们的生活中，难道不是有很多同样的道理？我们千方百计寻找更简单的方法，实际结果变成了更行不通。

关键是找到问题的根源，而不是走捷径。在生活中我们的心态也是一样的。有些人传播他们辛酸苦涩、怨恨不满的心态，这些心态持续在他们生活中的不同时期出现。

6. 自私和贪婪

有着自私心态的个人和组织没有权力期望成长。他们的心态是把自己一直放在首位，不考虑他人的利益。贪婪就是一直想要更多。需求能被满足，但贪婪不能。贪婪就像咸水。你喝得越多，越口渴。它是一种灵魂的癌症，破坏人际关系。

贪婪来自低自尊，它本身体现出虚荣、伪装，或“赶不上琼斯一家”式的攀比。摆脱贪婪的方法是要学会保持收支平衡和知足。然而，做到知足常乐，并不是指缺乏抱负。

在哪里结束

一个农民很富有，有一次，他获得了这样一个机会：在一天内，他尽自己所能地在土地上行走，只要是他所走过的土地，都归他所有，前提条件是在日落之前，他必须回到起点。为了尽可能多得，第二天一早，他就开始以快走的方式想得到尽可能多的土地。他一整天都在走，尽管很累，但他从不停下歇一会儿，因为他不想浪费这次千载难逢的、获得更多财富的机会。

傍晚时分，他想起来，必须赶在日落之前回到起点才能得到自己走过的这些土地。然而，因为贪婪，他走到的地方距离起点很远。尽管他往回走时密切关注着距离日落还有多长时间，越接近日落，跑得越快，但后已经是筋疲力尽，上气不接下气。他逼迫自己超出忍耐的极限往起点赶，在日落之前也赶到了起点，但因过度疲劳而倒地不起，当即死掉。最终，他被埋葬了，所获得的土地只是埋葬自己的那一小块。

这个故事中包含了许多真理，并让人学会其中的教训。无论这个农民是不是富裕，任何贪婪的人会得到同样的下场。

7. 缺乏信念

缺乏信念的人没有主见，常会猜测路中间发生了什么。很明显，有人被车撞了!

没有信念的人不表态。他们为了跟他人和睦相处而附和他人，因为他们缺乏自信和勇气。他们为了被接受而随大流，甚至当他们知道团队正在做错误的事时，也为了友好相处而仍然支持团队。

有些人认为自己稍好一点，因为他们没有支持错误。然而，他们缺乏信念去反对。他们保持沉默，并且认为自己是正直的。沉默和正直是两回事。一个人保持沉默，并不意味着他是正直的。其实在历史上，当我们应该说出真相的时候，通过保持沉默让人知道了更多的谎言，通过不反对一些我们明知是错误的事情，实际上表明我们在怂恿它。

成功的重要秘密之一是支持一些事情，而不是反对一些事情。这样一来，你不会成为问题的一部分，而是成为解决方法的一部分。表达立场需要信念。

坚信需要信念

没有行动的信念是幻觉。奇迹不是信仰等来的，而是信仰制造出来的。

我们全都有低谷时期；我们全都跌倒过，受伤过；我们全都有自我怀疑的时候，沉迷在自怜的时期。关键在于要克服这些情感，并且恢复信心。

在这个世界上有三种人：

（1）促使事情发生的人

（2）观看事情发生的人

（3）幻想事情发生的人

你属于哪一类？

8. 不愿做计划

不幸但真实的是，大多数人计划一次聚会或假期比计划他们的生活花的时间更多。

经验表明，一个精细到分钟的计划，能解救四条人命。成功者之所以成功，就在于精心做计划，甚至为意外的情况做计划。如果你没有为意外情况做计划，那么，也就是说你没有妥善地做计划。一个好将军或总经理总是有计划A、计划B、计划C、计划D,为什么？他们是计划怎样失败吗？当然不是。他们正在计划着怎样获得成功，不管遇到什么障碍。如果计划A失败，则继续计划B等。

信心来自于准备，也就是计划和练习。成功者给自己施加压力。这是有准备的压力，而不是对胜负的担心。

如果我们不充分地练习，参加比赛就发挥差，比赛就像练习一样。**成功和失败的区别在于完全正确地去做和几乎正确地去做。**

一个全面的身心准备是做出牺牲和自律的结果。做到一般是很容易的，但是做到最好是很难的。难怪普通人选择简单的方法，过着平庸的生活。

在任何领域要想成功，准备是必不可少的。

准备=目的+原则+计划+实践+毅力+耐心+自豪感。

9. 准备带来信心

准备的意思是，容忍但从不接受失败。即有勇气去面对失败且没有挫败感，虽失望但不气馁。

准备的意思是，从错误中学习。犯错误没有什么不正常，谁都犯过。但同样的错误犯两次的人，就是一个傻瓜。一个人犯了错误却不纠正，会犯更大的错。

处理错误最好的方法是：

· 迅速承认　　· 不再纠缠

· 从中学习　　· 永不再犯

· 不找借口

压力来自于没有做准备。没有什么可以代替准备、练习和努力工作。欲望和痴心妄想不能代替它。只有准备能带来竞争优势。

如果你没有准备，压力能使你瘫痪，反之，如果你做好充分的准备，就会推动自己到更新的高度。就像是水顺着水道流动，成功倾向于那些有准备的人。微弱的努力只得到较差的效果。

下面是关于坚持的名称。

· 目的　　· 计划　　· 准备

· 自尊　　· 耐心　　· 练习

· 原则　　· 代价　　· 积极的态度

问问你自己：

· 你有清楚明确的目标吗？

· 你有行动计划吗？

· 在准备过程中，你做了哪些努力？

· 你为自己的工作而感到自豪吗？

· 你有足够的耐心去构思吗？

· 为了卓越，你是否愿意练习？

· 你有没有一些坚定的原则？

· 你愿意付出的代价是什么？你愿意走多远？

· 你有没有“积极的”心态？

10. 合理化

成功者可能会分析、推理、同情，但他们从来不为开脱自己的错误而找理由，那是失败者的游戏。失败者总是有满满一本书的借口，告诉你为什么他们不能。我们听到的借口比如：

· 我不走运。

· 我出生的星座不对。

· 我太年轻。

· 我太年老。

· 我有残疾。

· 我不够聪明。

· 我没受过教育。

· 我长得不好看。

· 我没有熟人。

· 我没有足够的钱。

· 我没有足够的时间。

· 经济形势不好。

· 如果我有机会。 · 如果我找对了人结婚。

· 如果只是我没有家庭。

这张列单可以很长很长。判断一个人是不是成功由两件事情决定：原因和结果。原因不算但是结果算。

在印度他们是怎样抓到猴子

捕猴者用一个顶上开口的盒子，口子的大小仅能让猴子把它的手伸到里面。里面有坚果。一只猴子抓住坚果后，它的手变成一个拳头。猴子试着把它的手拿出去，但是开口不够大，不能让一个拳头抽出去。现在这只猴子有一个选择，要么放弃坚果得到永远的自由，或者要么坚持要坚果，被抓。猜猜每次它选择了哪一个？你猜到了。它坚持要坚果，并且被捕猴者抓到。

我们跟上面的猴子也没什么不同。我们总是紧抓着生活中让我们无法前进的坚果，并理所当然地说："我不能做这个，是因为……"不管"因为"后面是什么，它都是我们抓住的坚果。它阻碍了我们前进。成功的人不会为自己一时的失败寻找开脱的理由。

肯定会失败的做法是：不去想、不去问、不去听，只去要开脱自己的理由。

11. 不从过去的错误中学习

不从历史中吸取教训的人注定会失败。如果我们拥有正确的心态，就会从失败中学习。失败是条迂回路，不是死胡同，是一次延迟，不是一次失败。经验是我们给错误取的名字。

有的人活到老学到老，有的人只是活着。聪明人从自己犯的错误中学习，但是更聪明的人从他人犯的错误中学习，因为我们的人生不会长到足够我们从自己的错误中学习！

12. 没有能力识别机会

机会总是以改头换面的方式出现。这就是为什么大多数人识别不出它们。请记住，障碍越大，机会就越大。

13. 畏惧

畏惧既是现实的，也是心理的。畏惧让人行事古怪，主要是对事物缺乏了解。生活在畏惧中，就是生活在心理的牢狱里。畏惧让人失去勇气，遇事使人不知所措。

畏惧会让人产生不安全感，缺乏自信、畏缩不前。畏惧破坏我们的潜力和能力，让我们不能清楚地思考，并毁掉我们的人际关系和健康。

常见的畏惧表现有：

· 害怕失败
· 害怕未知事物
· 害怕准备不足
· 害怕决策失误
· 害怕被拒绝

有些畏惧可以描述出来，有些则只能感觉到。畏惧导致焦虑，焦虑导致非理性思考，这实际上破坏了我们解决问题的能力。对畏惧正常的反应是逃避，逃避使我们处于舒适区，并且暂时减少了畏惧带来的影响，而起因依然存在。心理上的畏惧放大问题，可能会让人控制不住，从而破坏幸福和人际关系，进而将畏惧视为：

· 假的
· 证据
· 显然的
· 真实的

畏惧失败往往比失败本身更糟糕。一个人可能发生的最糟糕的事情不是失败，而是畏惧失败。不敢做尝试的人，实际上在尝试之前就已经失败了。婴儿学走路时，总是不断跌倒。这对他们来说并不是失败，而是学习。如果他们变得灰心丧气，就永远学不会走路。

14. 无法使用天赋

阿尔伯特·爱因斯坦说："我觉得自己这一生只用到25%的智力。"

按威廉·詹姆士的说法，人类只用到了潜能的10—12%。①

① 威廉·詹姆斯《百万圆桌协会 永恒的珍宝·整个人》第162页。

大多数人生的最可悲之处是，即便是死时，天赋仍没发挥出来。

当他们活着时，没能好好生活。他们宁愿闲死也不愿忙死。我宁愿忙死也不愿闲死。生活中最可悲的话是："我应该有。"

不要把惰性误当作耐心。耐心是有意识的决定，是主动的，并且涉及毅力和坚持。惰性是懒惰的和被动的。

有人问一位老人："生活中最沉重的负担是什么？"老人悲伤地回答："没有担当。"

15. 缺乏纪律

生活中，你可以选择：要么守规矩，要么去后悔。

——蒂姆·康纳

你有没有想过，为什么有些人从未实现他们的目标呢？为什么他们总是受挫折、总是处于危机当中？然而，当他人没完没了的失败时，为什么有些人一直成功？

任何人，无论是在体育运动、田径运动、学术界或者商界，没有约束做不成任何值得去做的事情。我们所指的是自律，不是外部的约束。

没有自律的人尝试去做所有事情，但是他们对自己没有许下任何承诺。一些所谓的自由主义思想家把缺乏约束解释为自由。当我乘坐飞机时，我希望飞行员是守纪律的，并且做他应该做的工作，而不是做他喜欢做的事。我可不想他拥有这种哲学思想，"我是自由的。我不希望塔台上的任何人告诉我应该怎么做。"

缺乏一致性表明纪律散漫。遵守纪律需要自我控制、自我牺牲、避免分心及能够抵制诱惑，这意味着要时刻集中精力。就好比水蒸气只有在高压下才能推动引擎，尼亚加拉大瀑布只有在被利用的情况下才能产生电力一样。

龟兔赛跑的故事众所周知。兔子过去常夸耀自己的速度，并向乌龟挑战赛跑。乌龟接受了这个挑战。他们指定狐狸做裁判。比赛开始了，乌龟一直保持着迟缓的步子，而兔子跑得很快，把乌龟远远甩到后面。他坚持自己肯定会赢得这场比赛，于是决定小憩一会。醒来时，他想起比赛还未结束，才接着跑起来。而在终点线上，他却发现乌龟早已经到达，赢得了比赛。

这个寓意曾经是：缓慢且稳定赢得比赛。但是，如果我们更进一步深挖，意思就变为：事实上，尽管乌龟不快，但兔子过于自信，并且缺乏自律。

坚持不懈需要自律，它远比不稳定的努力更加重要。

受约束和事后后悔都让人不快。但大多数人仍要在两者里做出选择。猜猜哪个更令人痛苦呢，很明显，后悔！

在过度自由和缺乏自律中长大的孩子通常成年后不尊重自己、父母或社会，并且也很难承担责任。

16. 低自尊

低自尊是缺乏自尊和自我价值。低自尊导致自我怀疑，进而导致虐待自己和他人。自我需要驾驭全局。做决定比完成任何值得的事情更能满足自我。低自尊的人不断寻找身份。他们尝试找到他们自己，并没有意识到，一个人的自我不是找到的而是创建的。

清闲、懒惰、找借口都是低自尊产生的结果。懒惰就像生锈一样，腐蚀最好的金属。

17. 缺乏知识

> 六十年前我知道所有事，现在我一无所知，教育是一个逐步发现自己无知的过程。
>
> ——威尔·杜兰特

获取知识的第一步是意识到无知的领域。一个人学到知识越多，就越意识到他无知的领域。一个自认为知道一切事情的人，要学的也是最多的。

无知的人不知道自己是无知的，不知道“自己不知道”。事实上，不只是无知，更大的问题是对知识的幻觉，

因为当你以为你知道一些事——实际上不知道——你做出的决定会有缺陷。

18. 宿命心态

宿命心态阻止人们承担责任。具有宿命心态的人把成功和失败归为运气。他们放弃自身努力，相信命运，对自己星座下所谓的注定的未来信以为真。他们相信不管他们是否努力，该发生的还是会发生。因此，他们从不付出任何努力，过起自满的生活。具有宿命心态的人等待事情去发生，而不是促使它们发生。问问任何失败

者，他们眼里成功只是运气的事。

意志薄弱的人很容易成为算命先生、占星术和自称为神的这些骗子的牺牲品。他们变得迷信且固守仪式。（有人认为兔子脚很幸运，但是对这只兔子来说就不幸运了，是不是？）

如果你想要失败，就相信运气吧。如果你想要成功，就相信因果关系的原则，并且你会创造自己的“运气”。正如塞缪尔·戈尔德温年说：“工作越努力越幸运。”

有些人认为他们只是运气不好

有些人宁愿依靠运气，也不愿依靠自己努力，不会意识到好运气总是偏袒那些有准备的人。因此，无论他们做什么，都是毫无准备，三心二意地尝试，并且说以下这样的话：

· 我会试一下
· 我试下能不能行
· 我会试试看
· 我没损失什么
· 不管怎样我也没投入多少

如果你仔细想想就知，正是这种怕担风险的行为导致失败。三心二意的尝试就像是期望失望一样，最终等到的也只能是失望。

努力做

一个人买了匹赛马，把他放进一个谷仓中，还做了一个大标志：“世界上跑得最快的马。”主人既没有锻炼这匹马，也没有训练它以保持良好的状态，就带它去参加一场比赛。结果它跑了最后一名。主人迅速将标志改为“马的最快的世界”。由于懒散或没有做应该完成的事情，失败后，人们总是归咎于运气。

没有远见、勇气和深度的生活，只是盲目的经验。弱小、懒惰、脆弱的头脑总是选择最简单的方法、阻力最小的路径。

试问一名运动员，当他经过一次很好的锻炼后，他的感觉是怎样的？他会告诉你，感觉筋疲力尽。如果他没有这种感觉，就意味着他没有尽最大的力气去锻炼。

失败者认为生活是不公平的

他们只想到自己的不幸。他们不去想想，那些做过准备的人，同样也遭遇过不幸，但他们能克服它们，能很好地参加比赛。这就是区别。成功者的起点由于忍受痛苦变得更高，在最后，他不仅是为了参加比赛而锻炼，而是为了自己的品格而锻炼。

自助者天助

一个小镇正受到洪水的威胁，除一人外，其他人都选择了离开，去往更安全的地方。留下的这个人说："上帝会救我，我有信心。"随着水位上涨，有人驾驶一辆吉普车前来营救，这个人拒绝了。他说："上帝会救我。我有信心。"随着水位进一步上涨，他爬到自家房子的二层，有人划一只小船来救他。他再次拒绝离开，说道："上帝会救我，我有信心。"水不断上涨，他只得爬到屋顶。有人驾驶一架直升飞机来救他，但他仍然说："上帝会救我，我有信心。"最后，他被淹死了。当见到上帝的时候，他生气地质问："我完全地信任你。为什么你不理睬我的祈祷，让我被淹死？"上帝回答道："你以为是谁送去救你的吉普车、小船和直升飞机？"

这个故事的寓意是什么？就是不做出自助的行动，甚至还拒绝外来援助。上述故事是一个明显的宿命论行为的例子，它在大多数失败者的行为中很普遍。

克服听天由命心态的唯一方法是承担责任，并且相信因果定律，而不是好运气。实现生活中的任何目标，需要行动、准备和计划，而不是等待、幻想和希望。

好运气照耀在那些应得的人身上

亚历山大·格雷厄姆·贝尔为了他半聋的妻子，拼命尝试着去发明助听器。他在发明助听器上失败了，但是在研发的过程中，发现了电话的原理。你不会把像他这样的人称为是幸运的人，是不是？

好运是努力遇到了机会。没有努力和准备，幸运的巧合不会发生。

运气

他白天工作，晚上熬夜，
放弃游玩和享乐，
读枯燥的书，
学新知识，
奋勇向前，
玉汝于成。
带着信念和勇气，
拥抱成功。
这一刻，人们称它为运气。

——无名氏

19. 缺乏目标

终生的目标叫作目的。它赋予生活以意义。

伟人有目标，常人有愿望。

——华盛顿·欧文

如果我们读过克服严重残疾之人的故事，就很显然感知，他们想要成功的动力来自于内心的渴望。于是，生活中他们有一个目的：尽管困难重重，也要证明自己可以成功——最终，他们做到了。

在1960年的奥运会上，正是心中的渴望，让瘫痪的威尔玛·鲁道夫成为了赛道上跑得最快的女子，赢得了三块金牌。

当人们缺乏目的和方向，就无法看到机会。如果一个人有愿望完成一些事情，知道目的地，并朝这个方向行动，专注于所要求的奉献和自律，那么成功会随之而来。但是如果一个人没有目标和方向，无论他还拥有什么，都不会成功。

20. 缺乏勇气

勇气不是心中没有恐惧，而是克服了恐惧。品格（正义和诚信）中没有勇气是不起作用的，而勇气没有品格就成为了暴戾。当我们心中充满勇气，就会无惧无畏，迎难而上。

缺乏勇气的人不会赢得信任。他们总是会在最后一刻让人失望。软弱的人永远不会真诚，懦夫永远不会实践道德。他们怎么能做到？他们没有勇气去做到。

成功的人不寻找奇迹或简单的任务，他们寻找勇气和力量去克服困难。他们看到的是还剩下什么，而不是已经失去什么。心愿不会成为现实；依仗信念，期望可以成为现实。只有当祈祷者采取勇敢的行动时，他的祈祷才会有回应。勇气和品格是成功的关键组合。

成功方法

成功就像烘焙蛋糕。除非你有正确的配方，否则你烘焙不出好蛋糕。食材必须是最好的，并且以正确的比例搭配。你不能烘焙糊了或没烘焙熟。一旦你拥有正确的配方，并从偶尔犯的小错误中学习和实践，烘焙就变得更加容易。

你有配方：是否使用，这是你的选择。

行动计划

1. 提问	从不	有时	大多数	总是
（1）你计算风险吗？				
（2）你常常练习坚持吗？				
（3）你会为了长期收益而承受短期的痛苦吗？				
（4）你的生活有没有优先次序？				
（5）不论你做什么你有没有坚定的信念？				
（6）不论你做什么有没有计划和准备？				
（7）你有没有对自己的行为承担责任？				
（8）你有没有从自己犯的错误中学习？				
（9）你有没有控制自己去克服恐惧？				
（10）你有没有最优化地运用自己的天赋？				
（11）你有没有践行自律？				
（12）你是听天由命的人吗？				
（13）你有没有感觉到强烈的自我价值？				
（14）生活中你有没有特定的目标？				
（15）你是否一直锻炼自己的勇气？				

2. 确定你保证要提高水平的三个最重要的领域。

（1）____

（2）____

（3）______________________________

3. 列出你在生活中因缺乏自律而受到伤害的领域，并且判断其成本/后果。

领域	成本 / 后果
（1）______________	（1）______________
（2）______________	（2）______________
（3）______________	（3）______________

4. 当你下一次面对困难时，问问自己这两个问题：

从这次挑战中我能学到什么？

____

我怎样把这些转变为我的优势？

____

YOU CAN WIN

Step By Step To Win

第6章

动力

|每天激励自己和他人|

思想决定方法，情感左右心绪，

动机驱使我们采取行动。

好事情只会降临在那些努力拼搏、耐心等待的人身上。

——亚伯拉罕·林肯

一些顾问采取告诉他人怎么做的方式。我用一种不同的方式。我的做法是:“为什么你不呢?”我相信大多数人已经知道要做什么。如果你问一个路人应该完成什么事情，他会给你所有的正确的回答。但是问他是不是正在做？可能不是。缺少的是什么，是动力。问题是，我们能不能激励他们？答案是，绝对不能！我们能做的是，启发人们去激励他们自己，但是我们不能激励他们。为什么？因为动力是行动。我不能替你行动。你必须为自己行动。灵感是思想，当想法改变，它开始反映在行为上。

它提出两个主要问题：（1）为什么人们会变得消极？（2） 谁或什么可以激发被激励者的积极性?

最强大的动机来自于我们内心的信念。要采取行动，我们要相信自己所做的，并且为自己的人生承担责任。当我们对自己的所作所为承担责任时，我们对生活的态度就会变得积极。无论是从个人生活还是从工作上来说，我们都会变得更高效。无论在家还是在工作上我们的人际关系都会变得更好，生活会变得更充实和有意义。

开始，获得金钱是最大的动机，但基本的物质需求得到满足后，情感需求则成为更大的动机。

动机

接下来的逻辑问题是：动机是什么？动机是受到驱使的内在情感和动力。

激励的意思是鼓励和启发。动机则意味着点燃行动的火花。

动机是强大的。它可以说服、劝说、推动你付诸行动。换句话说，动机能被定义为行动的缘由。它是一种力量，能真正地改变你的生活。

为什么我们需要积极性?

在我们的生活中，动机是驱动力。它来自渴望成功。生活中没有成功就缺乏自尊，在工作或在家都不会有快乐或激情，生活会变得像一个失衡的轮子，处境艰难。

动机最大的敌人是自满。自满会让人们放弃努力，一旦人们自满时就不再成长，因为他们不能确定自己的生活还需要什么。

动机——它是怎样起作用的?

一旦明白动机形成的原因，你就能激励自己，实现自己的目标，并能给他人以启发。你内在的动机是自己的内驱力和心态。它是富有感染力的。想从他人那里得到预期的反馈，其关键是自己的心态。

一个人怎样才能保持动力和专注？已经被运动员使用过很长时间的一个重要的工具就是自我暗示。自我暗示是用即时的方式说出积极的表达，并且经常复述。换句话说，它是积极的自言自语。比方说，假如你刚开始一份新工作。

每天你可以对自己说好多遍:“每天，我都感觉越来越自信。”或者假如你的孩子的行为激怒了你。你可以重复着对自己说:“我很冷静，很有耐心。”

灵感和动机之间的区别是什么?

灵感是想法，而动机是行动。人们能被启发去激励自己，可以创建一个激励的环境。

要想启发人们去激励自己，就需要理解他们的需求和想法。

人最大的动力来自什么？是金钱？是获得认可？还是提高我们的生活质量，被我们所爱的人赞同？所有的这些都可以成为动力。每个行为来自于“痛苦或收获”这一原则。如果痛苦大于收获，它对行动来说是一个阻碍。如果收获大于痛苦，它就是一种动力。收获可以是有形的，如金钱奖励、假期和礼物，也可以是无形的/情感上的，如认可、欣赏、成就感、成长、责任、实践意识、自我价值、成就和信仰。

动机就像火——除非你一直给它加燃料，否则它就灭亡。你内在价值观里的信念就是你的燃料。

当这种内在价值观信念激发你的动机，你的动机就变得持久。

动机分为两种类型：外部的和内部的。

外部动机

外部动机来自外部。外部动机，如金钱、社会认可、名誉或害怕（如害怕被父母打，或害怕在工作中被解雇）。

害怕的动机

一家公司制定了养老金计划。为了实施这个计划，它需要全员参与。公司里除了约翰外，其他员工都报名参加了。这个计划合情合理，并且对大家都有利。约翰拒绝签字是实施该计划的唯一障碍。约翰的主管和其他的同事都试图说服他签字，但均没能成功。

公司老板将约翰叫到办公室，对他说："约翰，这里有一支笔，这些是你要签署报名养老金计划的合同。如果你不报名，现在，你将立刻被解雇。"约翰听了立刻签了字。老板问约翰，为什么他不早点签。约翰回答道："没有人像你这样，清楚地解释了这个计划是干什么的。"

猎物比捕食者更聪明的情形并不罕见，因为一个是为了食物而奔跑，另一个是为了生命而奔跑。害怕动机的优点是：

·它能让工作迅速地被完成。

·通过按期完成任务来防止损失。

·短期内提升个人的表现力。

如果有一匹恶狗在追你，你可能会打破世界短跑纪录。谁说不可能呢？

从历史中，我们了解到金字塔是奴隶建造的。奴隶们不得不时刻处于被监视中，不干活就受到惩罚。害怕动机的缺点是：

·它是外部的，并且是暂时的。当激发因素存在时，动机就存在。当激发因素消失时，动机也随之消失。

·长期来看，它会产生压力，并且影响表现。

·人们所做的只是机械地完成任务，不会做更多。

·它破坏创造力。

·人们习惯了“大棒”(强制力),然后是更大的棒。

只按最低限度来做事的人,永远不会对任何组织有价值。

一位顾客问一位员工:“你什么时候开始在这里工作?”他回答道:“自从他们威胁要解雇我开始。”

动机奖励

外部动机也可以采取奖励形式,如奖金、提成、表彰等。

动机奖励的主要优势是,只要奖励足够大就特别有效。想想一头拉车的驴,它的前面悬挂着一根胡萝卜的情形。只有在这头驴足够饿、胡萝卜足够甜、负载足够轻的情况下,动机奖励才会有效。如果这个组合有欠缺,动机奖励就不起作用。

偶尔,你必须让这头驴吃到胡萝卜,不然它会气馁。还有,在驴吃了胡萝卜后,或者它肚子吃饱了时,你可能需要等这头驴饿了以后,它才愿意拉车。在我们的业务环境中通常看到同样的循环。当销售人员完成他们的销售额时,他们通常会停止工作。这是因为他们的动机仅限于完成销售额。这是外部动机,不是内部的。

动机奖励的优点是:

·奖励和结果挂钩。

·它可能帮助只按最低限度执行的人成为优秀的执行者。

动机奖励的缺点是:

·停止奖励,动机下降。

·过一段时间后,他们变得习惯了奖励,并且想要更大的。很多时候,它成为自我毁灭。

内部动机

最大的动力是什么?是信念。

信念是最大的动力。比如说,为了钱,人们会做很多事情,为了成为一个好领导，人们会做更多事情。但是，为了信念，人们会做得最多。在美国、中东、远东，以及任何地方的人，都有人愿意为了信念赴死，而不是为了钱。

在泰国，有一群人在不麻醉的情况下，用竹签刺穿自己的脸。人权主义者会称之为酷刑，但是他们自愿这样做。在印度，有一群人在舌头上戴上钢针，在身上装上钩子，还有他们在火上行走。人权主义者会称之为酷刑，但是他们也是自愿这样做。为什么会这样？因为他们受到自己的信念支配。做最重要的事情，其最大的动力是信念。但是请记住，错误的信念也是信念。

当我们相信能对自己的生活和行为负责时，我们的人生会变得更好。

有一个小男孩经常来球场练习踢足球，但是，他从没有进入“A队”。他练球的时候，其父亲会远远地坐在球场边上等他。不过，有4天时间，他都没来练习。这天，他的球队即将在球场进行一场决赛。小男孩出现了，他径直走向他的教练说道：“教练，你总是让我待在预备队里，从没让我参加过比赛。但是今天，请让我踢球。”教练说：“孩子，对不起。我不能让你踢球。球队有比你更好的球员，而且，这是决赛；我不能拿整个学校的声誉冒险。”他恳求道：“教练，我保证不会让你失望。请让我踢球。”教练从未见过小男孩这样的恳求。他说：“好吧，孩子，去踢球吧。但是记住，我这样做，可是违背自己更好的判断，是冒着学校声誉的风险的。别让我失望。”比赛开始了，男孩充满着热情，一旦他控球在脚下，基本上都能进球得分。不用说，他成了这场比赛的明星，并且他的球队赢了。

比赛结束后，教练走到他前面说：“孩子，在我的人生中，我怎么可以犯这么大的错？以前我从来没有见过你像这样踢球，也从不相信你能这样踢球。发生了什么？今天你是怎样踢球的？”男孩回答：“教练，今天我父亲在看着我。”教练转身看了看这个男孩的父亲曾经坐过的地方，那儿只有一条空长椅。他说：“孩子，以前当你来练球时，你父亲常坐在那里，但是今天我没有看到任何人。”男孩回答道：“教练，有件事我从没告诉你。我的父亲是盲人。就在四天前，他死了。今天是他在天上看着我的第一天。”是什么激励了这个男孩？是他的信仰。

内部动机是内心的满足，并不是为了成功或胜利，而是来自于完成事情的成就感。它是一种成就的感觉，不只是实现了一个目标。实现一个不值得的目标不能产生令人满意的感觉。内部动机是持久的，因为它来自于内心，并且能转化为自我激励。

要想成功，动机需要被确定并且不断加强。请写下你的目标，把它们一直放在你面前，并且早晚阅读它们。

内部动机来自于内心。有些重要的内部动机是责任感、问责制、所有权、工作中的自豪感等。

感谢被认为是一个伟大的动力。为什么？因为它让一个人感觉良好。当他们感觉良好，他们的自尊心就会上升；当他们自尊心上升，他们就受到激励。它是外部的，因为来源于外面，但它对接受者来说，表现（感觉）是内在的。工作中的自豪感是一个内部动机。一天结束了，一个人会因自己在这天的工作做得很好而感觉良好。即使没有人赞赏，他仍然感觉很好。相反的，如果一个人没有做好他的工作，即使你感谢他们，他们仍然不会感觉良好。我们的目的事实上是灌输内部激励因素。

责任是内在的，它来源于内部。

责任来自于一种归属感和主人翁意识。

以客户服务代表吉尔为例。她在这个离职率比较高的工作岗位上，已经有六个年头了，相对来说时间比较长。吉尔喜欢这份工作——喜欢跟客户交谈，并且做一个问题解决者。她不喜欢的是，大多数客户服务代表，工作不满两年就跟自己处于同等地位。很多客户服务代表不愿意听她的建议，当他们有问题时，就去找经理帮忙——尽管经理没有她在第一线的工作经验。为此，她感到沮丧和气馁。

经理开始注意到，虽然吉尔的表现还不错，但是她做得没有像以前那么好，并且，吉尔看起来不再满意她的工作。不想失去这么好且有价值的员工，经理给吉尔加了薪资。但是吉尔的工作态度并没有因此改变。虽然拥有更多的钱总是好事，但吉尔希望得到的是尊重。最终，当经理花些时间跟吉尔交谈过后，终于发现她不满的根源。于是，经理让吉尔担任一个部门主管，并且告诉该部门员工，所有问题都要请示吉尔。增加的责任满足了尊重需求，吉尔的表现立即改善。

金钱奖励是暂时的、短暂的，从长期来看并不是令人满意的。相反，一个人看到自己的建议被执行，就会在情感上产生满足感。因为他感到自己不是被看作一件物品，而是一个有价值的团队的组成部分。正确的奖励是通过自身激励。

我们全都是受到激励的——要么积极、要么消极地。

每个人都是可以激励的，包括什么都不想做的人。他选择什么也不做，也是受到激励的缘故。

我在多伦多的时候，听到关于两兄弟的一个故事。两兄弟中，一个是有毒瘾还经常打自己家人的酒鬼，另一个是在社会上受到尊重且非常成功的商人——他拥有一个幸福的家庭。在同一环境下、同样的父母抚养的两兄弟，长大后为什么会如此不同？

第一个兄弟被人问道："是什么促使你做这些事？你是一个吸毒者，一个酒鬼，殴打家人。你的动机从哪儿来？"他说："我的父亲。"他再被问道："你的父亲怎么样？"他说："我的父亲就是一个有毒瘾的酗酒者，殴打自己的家人。你期望我成为什么样？这就是我。"

第二个兄弟被人问道："你是怎样正确地做到所有这些事情的呢？你的动机是从哪得出的？"猜猜他说什么？他说："我父亲。当我是一个小孩时，就见过我父亲喝醉，还做了所有的错事。为此，我下定决心，我不想成为父亲那样的人。"

两兄弟产生动机的根源相同，但产生的动机一个是积极的，一个是消极的。消极的动机让人走上了更简单、粗暴的堕落之路。

对于工作：从积极工作到消极怠工的四个阶段

当员工开始走上工作岗位时，他通常要经历积极付出和掌握技能这两个阶段。

1. 无效动机

一名员工在他受雇期间表现最积极的是什么时候？当然是刚加入这个机构时。为什么？因为他想通过积极表现来证明雇主做出了正确的决定。他是有动机的，却是无效的。为什么？因为他不知道该做什么。

这个时候是员工思想最开放、愿意接受且易于按组织文化训练的阶段。授受培训和适应新环境成为新员工当务之急。

不专业的机构要么没有，要么在规划培训方面做得很差。在新员工工作的第一天，主管带他到工作地点，只告诉他该做什么，然后就离开了。主管实际上教了新员工他正在做的坏的和好的所有事情。于是，新员工迅速学会了主管所有的错误，因为这是主管教的。没有一个好的入职培训/规划，该机构也就失去了培训新人以积极的态度发挥作用的机会。

而专业机构则特别注意引导新人入职，并向他们解释如下事项：

- 他们的价值观和愿望
- 层次结构
- 彼此的期望
- 该做的和不该做的
- 特征和指导
- 可接受的和不可接受的是什么
- 资源

除非事先解释清楚期望，否则怎样期待员工的表现？如果就职和培训指导做得好，很多潜在的问题都不会出现。

2. 有效激励

这一阶段员工已知道该做什么，并且有动力和热情做工作。他已经适应本行业，这反映在他的工作表现上。然后，他就进入下一阶段。

3. 丧失积极性

一段时间后，动机作用开始下降，员工学习行业技能。这个阶段当没有真正激发员工的积极性时，他们仍会继续工作，只求做到让雇主没有理由解雇自己就行了。

这一阶段对增长是不利的——机构中的大多数人被归类到这个第三阶段。他们的表现是只按最低限度来完成工作，还嘲笑优秀员工。他们不接受新的思想，并且拒绝改变。

对此，应树起的目标是，通过一些好的培训或激励计划，把他们带回积极有效的第二阶段。一个员工不应该在第三阶段停留太长时间。为什么？因为他们是内部人员，他们会破坏公司。一些机构就是因为内部员工而不是外部的竞争对手的破坏而被毁掉，这并不少见。他们开始到处传播所有的消极东西，并且使其他人士气低落。从这里，要么他们被带回积极有效的第二阶段，要么他们自动进入第四阶段，即消极、无效阶段。

4. 消极、无效

在这个阶段，雇主没有多少选择，只能解雇这名员工。无论如何，这可能是雇主优势的最合适的事情。

记住雇主与雇员一样，有同样的需要。他们想要成功，并提高业务。如果员工帮助并实现这个目标，那么他们既使自己有价值，也让自己获得成长。

消极因素

为什么人们会变得消极?

两个主要原因：消极思维或消极环境。消极思维可能涉及个人，而消极环境可以更进一步地分为两种：要么物质上，要么情感上。如物质上可能出现的情形是：电话不能用，电脑不能用，没一个能用的，这时我怎么工作？情感上的可能是和人有关的事情。其他消极因素是：

· 缺乏培训

· 不公平/消极/公众批评

· 奖励非执行者（这会使执行者失去动力）

· 失败或担心失败

· 偏心/任人唯亲

· 成功（它会导致自满）

· 缺乏可衡量的指标

· 缺乏感谢或归属感

· 工作太多或太少

· 低自尊

· 缺乏优先顺序

· 消极的自言自语

· 不利的环境

· 办公室政治/不公平待遇

· 差的标准/缺乏质量意识

· 变化太多太快

· 有责无权

· 工作无安全感/太稳定

· 虚伪或无能的主管

· 缺乏明确的角色和目标

· 缺乏挑战或没有被充分发挥的感觉

以上只是部分列表。有些因素如果没有就会变得消极，但是拥有了也不一定会让人受到激励。例如，我有一个客户，他的工厂里没有自助餐厅。由于这个原因，员工们不停地报怨，给人感觉上认为他们变得消极起来。于是，我的客户在他的工厂里将自助餐厅落实到位，期望消除员工的消极情绪。有趣的是，这样做并没有改变员工的消极情绪。这表明了什么？没有自助餐厅带来消极情绪，但是有了自助餐厅，员工们也没有被激励（调动起积极性）。

重复性工作是消极的。

人们普遍认为，重复性工作是消极的。真的是这样吗？我不这么认为。带来消极的不是重复性的工作，而是：（1）未受到重视；（2）缺乏挑战。

例如，一个母亲为她的家人做了50—60年的饭，仍然以同样的热情承担家庭负担，并且有动力做饭。为什么？因为她从未感到未受到重视。她总是想要胜过自己，为家人做一顿更可口的饭。事实上，每次她都积极做饭。

没有抱负并且满足于现状的人，不会真正成为一个积极的人。

这种满足感可能导致自满。因为动机能带来兴奋，而自满者，除非有承诺否则不会产生兴奋。

每当我们想到动机时，第一个进入你脑海的是什么？是给他们钱。他们会得到激励——至少在一段时间内，他们会得到激励。但是，只要在你的机构里存在消极的因素，你可以给他们所有金钱，并且他们也会接受。他们从不拒绝你的钱，但是即使拿过你的钱后，他们仍然还是消极的。因此，很多时候，最大的激励是消除这些消极因素。

激励因素

我们真正想要做到的是自我激励。当人们为自己而不是为他人做事情时，就会有持久的动力。

记住，最大的激励因素是信念。我们必须灌输给自己要为自己的行动和行为承担责任的信念。当人们承担责任，一切都提高了：质量、生产力、关系和团队合作。

激发他人去激励自己的步骤是：

- 给予认可
- 给予尊重
- 使工作有趣
- 做一个好的倾听者
- 鼓励设定目标
- 提供成长机会
- 提供培训
- 抛出一个挑战
- 帮助，但是不要为他人做他们自己应该做的事情

总结

人们为了自己的而不是你的原因做事情。这通过一个关于拉尔夫·沃尔多·爱默生的故事就可说明。有一次，爱默生和他的儿子正在努力让小牛进入牲口棚。他和儿子又拉又推，都疲惫不堪，都没成功。一个小女孩正好路过。她把她的小手指放进小牛嘴里，让它吮吸，然后小牛乖乖地跟着她走进了牲口棚。

行动计划

1. 列出3个会帮助你培养自豪感的培训领域。

（1）＿＿＿＿＿＿＿＿＿＿＿＿＿＿＿＿＿＿＿＿＿＿＿＿

（2）＿＿＿＿＿＿＿＿＿＿＿＿＿＿＿＿＿＿＿＿＿＿＿＿

（3）＿＿＿＿＿＿＿＿＿＿＿＿＿＿＿＿＿＿＿＿＿＿＿＿

2. 列出3个非金钱的方式，用来奖励你将来付诸实践的行动。

（1）＿＿＿＿＿＿＿＿＿＿＿＿＿＿＿＿＿＿＿＿＿＿＿＿

（2）＿＿＿＿＿＿＿＿＿＿＿＿＿＿＿＿＿＿＿＿＿＿＿＿

（3）＿＿＿＿＿＿＿＿＿＿＿＿＿＿＿＿＿＿＿＿＿＿＿＿

3. 列出3个能提高你适应新工作的能力。

（1）＿＿＿＿＿＿＿＿＿＿＿＿＿＿＿＿＿＿＿＿＿＿＿＿

（2）＿＿＿＿＿＿＿＿＿＿＿＿＿＿＿＿＿＿＿＿＿＿＿＿

（3）＿＿＿＿＿＿＿＿＿＿＿＿＿＿＿＿＿＿＿＿＿＿＿＿

4. 确定并列出3件你会做的以变成一个积极榜样的事情。

（1）＿＿＿＿＿＿＿＿＿＿＿＿＿＿＿＿＿＿＿＿＿＿＿＿

（2）＿＿＿＿＿＿＿＿＿＿＿＿＿＿＿＿＿＿＿＿＿＿＿＿

（3）＿＿＿＿＿＿＿＿＿＿＿＿＿＿＿＿＿＿＿＿＿＿＿＿

5. 确定并列出3个在你的组织/部门里目前存在的消极的因素，同时说明你计划怎样去克服它们。

	消极因素	克服计划
（1）	＿＿＿＿＿＿＿＿＿＿	＿＿＿＿＿＿＿＿＿＿
（2）	＿＿＿＿＿＿＿＿＿＿	＿＿＿＿＿＿＿＿＿＿
（3）	＿＿＿＿＿＿＿＿＿＿	＿＿＿＿＿＿＿＿＿＿

YOU CAN WIN

Step By Step To Win

第7章

自尊

|确定积极的行为和消极的行为|

每次我们做好事时，在自己心目中的形象会上升一点点。反之则下降一点点。

一个乞丐坐在火车站里，面前放了一个装满铅笔的碗。一个年轻的主管经过乞丐面前时，将一美元放到碗里，但是没有拿铅笔。然后，他登上了火车。不过，就在车门关闭之前，他突然走出火车，回到乞丐这里。他抓起几支铅笔说道："我要一些铅笔。我看它们价格合适。毕竟，你是一个商人，我也是。"然后，他冲上火车。

半年后，这位主管参加一个聚会。那位乞丐也在这里，不过穿着西服打着领带。乞丐认出了这位主管，走向他说道："可能你不认识我，但是我记得你。"然后，他讲述了半年前发生的事情。主管说："现在我想起来了，我记得以前你在乞讨。你穿着西装在这里做什么？"乞丐回答："你可能不知道那天你为我做过什么。在我的人生中，你是第一个给我尊严而不是施舍的人，当时，你抓起几支铅笔并且说，'它们价格合适。毕竟，你是一个商人，我也是。'你离开之后，我开始想到自己——我在这儿做什么？为什么我在乞讨？我决定做一些助益我的生活的事情。于是，我收拾好包，开始工作，现在我在这里。我只是想谢谢你帮我找回了尊严。那件事情改变了我的人生。"

在这个乞丐的人生中，什么发生了改变？是他的自尊心上升了，因此他的表现也上升了。这就是自尊的神奇之处。

自尊是我们对自己感觉的方式。当我们感觉良好时，这个世界看起来也很好，生产率上升，并且各种关系也变得更好。反之亦然。自我形象是我们看待自己的方式。我们对自己的认识在很大程度上影响着所有事情、在生活中的每一步。

高自尊是由自我接纳和自我价值驱动，而低自尊是由害怕和自我怀疑驱动。

自尊来自得到认可和自我价值被接受。接受自我价值让一个人内心有安全感、稳定感，人也变得心平气和、沉着冷静。有自尊的人受到内在力量驱使，并从内心得到验证，不需要向任何人证明任何事情。

内部验证的意思不是以自我为中心，而是对自己的优势和劣势进行证实，让自己接受自己。这样，我就是坦然的，即，不是为自己的错误感到骄傲、自满，或者不思改变，而是认识到自己是不完美的，会犯错，并且知道从错误中学习。我不会骄傲，也不会重蹈覆辙，但我不是一个错误。这带来自我接受、建立自我价值，并且能摆脱掉自我怀疑。

自尊是决定成功或失败的构成要素。高自尊引出一个快乐、令人满意、有意义的生活。除非你认为自己像个伟人，否则你不可能拥有高自尊。纵观历史，所有伟大的世界领袖和导师都认为，要想取得成功，必须有内部驱动力。

我们无意识地将自我评价传递给他人，他人则针锋相对。高自尊的人在信念、竞争力和愿意承担责任的意识支配下得到成长。他们乐观地面对生活，拥有更好的人际关系和更有意义的生活；他们积极主动并且雄心勃勃；他们更加善解人意；他们的表现和承担风险的能力得到提升；他们获得新机遇并愿意接受挑战；他们轻松地接受建设性的批评并懂得给予他人真诚的赞美。

自尊是我们的自我概念

有这样一个故事。一位农夫，在自家的地里种南瓜时，完全无心地把一个小南瓜放到一个玻璃罐中，并将罐子挂在了藤上。

到了收获的季节，农夫看到那个放到玻璃罐中的南瓜，虽然已长大，但只有罐子般的大小，且形状也与罐子相似。而其他南瓜则疯长，块头非常大。正如南瓜不能超越限制它的边界一样，人也不能超越自我概念的界限发展，不论这些界限是什么。

高自尊的一些优势

在人们的感觉和他们的行为之间有着直接的关系

高自尊的优势是：

· 拥有了自信而不傲慢自大。

· 愿意承担责任。

· 建立了乐观的态度。

· 促成更好的人际关系和有意义的生活。

· 让一个人自我激励并且雄心勃勃。

· 让一个人接受新的机会和新的挑战。

· 提高技能并且增加风险承担能力。

· 让一个人值得信赖。

· 让一个人更踏实可靠。

· 让一个人更富有成效。

· 让一个人有安全感。

低自尊

低自尊是由“害怕和自我怀疑”所驱动的。我们怎样认出低自尊？低自尊的人的行为模式是什么？答案是类似的，是对所有这些问题的交叠。以下罗列的是一个低自尊的人行为模式。它不是所有都包含，而是具有指示性。

· 他们既不是好的领导，也不是好下属。原因是，他们随时愿意为了不可告人的动机而妥协价值观念。你不能相信他们。

· 他们是爱说闲话的人。

· 本质上，他爱挑剔并不断地批评他人。

· 他们批评他人，从中得到虐待狂般的快乐。

· 他们不愿意接受具有建设性的批评。当你给他们建设性的批评时，他们变得要么防御要么进攻。要听到他们说“对不起”或者对他们的错误道歉是非常困难的。为什么？因为这伤害他们的自我意识。

· 他们是非常自负的。自负的人非常自私自利，非常傲慢。他们认为自己什么都懂。这样的人以居高临下的口吻跟别人说话。他们贬低他人和他人做出的每个决定，不是为了有道理，更多的是满足自我。为什么一个人要贬低另一个人？

这是残酷但真实的现象，世界上有一些人当其他人感觉不好时他们感觉很好，当其他人感到自卑时他们感觉优越。自私自利的人强烈地以自我为中心，并且常常会粗鲁、无礼、态度恶劣、不替他人着想、自私。

·他们实际上非常虚伪，戴着一个假面具，假装他们不虚伪。他们有着双重人格，很多时候他们在外变成马屁精，在家里却多次压迫自己的家人。为什么呢？因为他们（的家人)是唯一愿意接受他的人。他们满足他人的虚荣心并且喜欢他人满足自己的虚荣心。当他们去见自己的老板时，表现出胆怯的样子，但一转身却压迫他们的后辈。

·他们在本质上非常敏感，有一个非常脆弱的自我。他人说的任何话，他们会认为这是针对自己的，并感到受到了伤害。对他们来说，所有的事都变成一个威望问题。很多时候，人们混淆了善解人意和过分敏感。善解人意是积极的，而过分敏感是消极的。善解人意显示一个人有爱心。

·他们是傲慢的、思想封闭的，并且是以自我为中心的。

·他们不断地找借口——总是为他们的不作为和失败做辩解。

·他们从来不承担责任。他们总是责怪他人。

·事实上他们安于听天由命——他们不主动，总是等待事情发生。

·当他们独自一人时，就感到无聊和不舒服。

·他们丧失体面。低自尊的人不知道在哪里可以画界线。

经常见到人们在社交聚会时讲笑话，但是喝下肚的酒越多，笑话就变得越脏。他们不知道在哪里体面丧失，粗俗开始。

·他们没有真正的朋友，因为他们对自己也虚伪。

·他们为不可告人的动机妥协价值观念。出于自私的原因，他们通过虚假承诺来控制他人。在雇主-雇员、丈夫-妻子、男-女朋友、买家-卖家之间常常见到，他们互相说谎。当一个人通过说谎来促成一笔买卖，并且没能遵守他的承诺时，他的信誉会怎样？被抛弃了！

·他们的行为反复无常，像钟摆一样摇摆不定。他们可能今天对你甜言蜜语，但是明天可能就割断你的喉咙。他们的心态已经失衡。

·通常，人们很难与低自尊的人一起工作，也很难为低自尊的人工作。因为他们通过贬低他人来获得优越感。

·他们变成性格内向的人，因此变得孤僻和沉默寡言。

·事实上他们优柔寡断、遇事犹豫不决并且不作承诺。他们缺乏耐心，总是“决定-改变，决定-改变，决定-改变”。他们是骑墙派，从来不知道要往哪一边跑。

· 他们对自己和他人有负面的期望，并且对其很少失望过。

· 他们表现出过分顺从或者胆怯的样子。他们一直不断地道歉，甚至为自己的存在。例如，你注意到，有些人用道歉的方式开始他们的句子：“请原谅我……”为了什么？为了将来发生的错误提前道歉！胆怯与谦卑之间是有区别的。谦卑来自于自信而不傲慢。而胆怯是自我贬低，这反映了缺乏自信。

· 他们不断地寻求验证和来自他人的认可。当与他人一起工作时，他们不断地为每件小事情寻求认可。总是寻求认可显示缺乏自信，而咨询则是积极的。

· 他们吹嘘自己，给自己一个虚假的成就感和满足感。

· 他们缺乏自信。自信是什么？自信就是当一个人对一件事有强烈的感触时，就坚定而有涵养地表明立场。自信就是坚定并且有涵养，在人们从坚定中拿出涵养的那一刻，它变成霸气。

· 他们变成恶霸。低自尊反映在侵略行为和压迫行为上。他们沉迷于压迫或恐吓的行径。他们为什么这样做？这样做，他们得到一种虚假的安全感。这被称为伪自尊。

· 他们为了不可告人的动机控制他人。

· 事实上他们是多疑的。

· 他们有悲观的行为。

· 他们有从众行为。这是什么意思？很多时候，我们注意到人们正在做错事，而且他们完全清楚是在做错事。你问他们：“你为什么这样做？”他们的回答是：“我不知道。每个人都这样做，所以我也这样做。”清楚知道自己所做的是错的，却为了和睦相处仍然赞同。为什么？因为这样做，会得到团体的认同。他们没有自己的个性，因为缺乏自信，所以寻求外在的认可。

· 他们尝试与人攀比。当人们买房子、汽车和其他私人物品以及参加活动时，为了给别人留下深刻的印象，他们经常花掉他们还没有挣到的钱，并且买一些他们不需要或不喜欢的东西。所有这一切都是尝试去打动别人，包括他们不一定喜欢或敬佩的人。

· 他们做出引人注意或非一致性的行为。为了获得关注，低自尊的人可能做毫无意义的事，只是为了突出自己、吸引人注意。他们得到“兴奋”和一种扭曲的自大的感觉。有些人选择做错事和成为犯错的人，只是为了与众不同、获得关注。例如，过度吹牛的人、恶霸/小丑、穿着十分怪异的人等。

·寻求他人关注的行为，现在比以前更容易见到，因为出现了一种新型人类叫作“暴发户”。暴发户是什么？暴发户是一种新近成为有钱人的人。成为有钱人有什么错误？没什么错。但是暴发户从不被人们称道。他们已经挣到不少钱没问题，但是，他们的价值观不存在。不知何故，暴发户的行为却是在告诉这个世界：“看我，我已经捷足先登，你不能再避开我了。”他们一直寻求确认。

·他们优柔寡断，并且不承担责任。缺乏勇气和害怕批评，导致优柔寡断的行为。

·他们变得反抗权威。我要给出区别：因为信念、勇气的反抗和因为低自尊的反抗。所有伟大的世界领袖，如圣雄甘地、马丁·路德·金和亚伯拉罕·林肯都是反抗者。他们由于信念、勇气而反抗权威。而一个低自尊的人反抗权威，只是因为它是权威，即使权威本身是正确的。

·他们缺乏方向感，并且有一种事不关己的心态。

·他们很难接受赞美，也很难给予他们赞美。给予他们赞美时，他们感到可能受到了误解；接受赞美时，他们感到自己不匹配。感觉不匹配不是自谦，而是显示他们缺乏自我价值。

·他们太过于强调物质方面的东西。低自尊的人通过你的财产来评判你的价值，而不是通过你的作为。他们看你开哪款车、住什么样的房子、穿哪种衣服、戴哪种首饰，通过你的净资产来判断你的价值；他们忘记了是人造物，而不是物造人。低自尊的人更看重净资产而不是自我价值。

他们的生活围绕着广告和时尚。很多次你听到人们说：“我不随便穿，除非它是名师设计的。”他们把名师设计的标签当作自己地位的标志。为什么？因为标签给他们身份。拿走他们的个人财产，他们会感到羞于生存。他们常陷入你争我夺的激烈竞争中。就像莉莉·汤姆林所说：“庸碌一生的最大问题是，即使你赢了，你仍是庸碌之辈。”

·他们不对自己的表现感到自豪。他们的工作总是：要么没完成，要么出错、要么低劣。

·他们不对自己的外表感到自豪。他们粗俗、寒酸、不整洁。还有另一面，有些人特别在意自己的外表，总是长期不变地穿着三件套，一副随时准备结婚的过分打扮。他们的想法是，自己永远不知道会和谁打交道。

·他们会有一些外在的表现，例如，肩膀下垂、眼神避免与人接触、眼睛躲躲闪闪的、握手时绵软无力，等等。

·事实上，低自尊的人非常无情。他们永远对他人怀恨在心。当一个人无心犯了一个过错并且意识到这一点时，往往会为此道歉。高自尊的人会接受这种道歉，不再计较，但对一个低自尊的人来说，接受他人的道歉是非常困难的，而是继续怀恨在心。

·事实上，他们非常喜好争辩。与你争辩时，无论你持什么立场，他们永远与你相对。为了标榜自己，他们总是想法凌驾于你之上。

·他们缺乏同情心和同理心。

·他们寻找同情，沉湎于自怜。自怜是什么？自怜是一种受害者情结。受害者情结是，为什么上帝要这样对我而不是对其他人？

·事实上他们多疑和嫉妒。关于嫉妒，他们为自己远没有像其他人那样成功而烦扰。这意味着，他们不想提升自己，却想拉别人的后腿。

·他们有逃避现实的心态，在行为上表现为两种方式：

1. 他们拖延。他们之所以不断拖延，是因为他们没有面对后果的勇气。他们越拖延，代价就变得越高。

2. 他们自虐。他们成为酗酒者、吸烟者、吸毒者等。如果你问："为什么你会沾染上这些？"他们会说："我是借酒消愁。"问题是，酗酒、吸烟和吸毒是不是自虐，还分不清吗？如果你尊重自己，还会虐待自己吗？

以上是低自尊者的部分行为，多是由于不安全感导致的结果。它们会影响我们的人际关系和生产效率吗？以上所列的目的是为自我评价提供依据，而不是让人产生内疚。一个人是否都具有以上所述的行为？应该说，我们大多数人在不同程度上都有一点点上述消极行为。不过，我们的目标是识别并且摆脱它们。

高自尊的人和低自尊的人有没有可能出现相似的行为呢？显然是有的。例如，低自尊的人可能是内向的，高自尊的人也有可能是内向的，只不过，他们行事的动机不同。低自尊的人变得内向，是因为他们与他人在一起时感到不舒服；高自尊的人变得内向，是出于自愿。前者是孤独，后者是独处。低自尊的人尽管处于一大群人中间，但仍感到孤独；高自尊的人出于自愿，享受独处。孤独是被人冷落的痛苦，独处是自我选择的乐趣。高自尊的人所要表达的是，我喜欢自己陪伴自己，尽管看上去我独自一人，但是我的内心不孤独。

下面是高自尊的人与低自尊的人的一些特征对照。

高自尊的人	低自尊的人
自省自察	常论人非
充满关爱	充满苛责
谦恭卑下	傲慢无礼
尊重威信	藐视威信
有胆有识	瞻前顾后
坦荡可靠	困惑犹疑
关注品格	关注名誉
立场明确	无事生非
承担责任	怨天尤人
安分守己	自私自利
积极乐观	听天由命
设身处地	贪得无厌
好学	自满
善解人意	睚眦必报
独处	孤独
商量	争辩
相信自我	只信名利
引导	误导
遵守纪律	胆大妄为
内部驱动	外部驱动
尊重他人	自以为是
彬彬有礼	蛮横无理
懂规矩	图自在
奉献	索取

为什么要戴着面具？

一个低自尊的年轻主管获得了职位晋升，不过，他对新晋升的职位，包括新搬进的办公室仍不甘心。这天，当有人敲办公室的门时，为了显示自己是多么重要，工作是多么忙碌，他让敲门者进来后，便拿起电话，一直说个不停。边说还不住地点头说道：“没问题，我可以处理。”就这样说上几分钟后他才挂上电话，并问在一旁等待的敲门者，需要些什么。敲门者回答道：“先生，我来这儿，是帮你装电话的。”

这个故事透露的信息是什么?

为什么要假装？我们想要证明什么？我们想要完成什么？为什么我们需要说谎？为什么要寻找虚假的重要性的感觉？所有这些类型的行为来自于不安全感和低自尊。

为什么要假装?

我们的品格可以通过我们做的或喜欢的所有事情来判断。

我们的品格通过下列这些方面透露出来：

· 我们联系或者回避的客户。
· 我们是怎样对待他人——特别是我们的下属、年长者和残疾人。
· 我们读的书。
· 我们听的音乐。
· 我们看的电影。
· 我们讲的笑话或者感到好笑的笑话。

不管怎样，我们的每一个行动都暴露了我们的内心，为什么要装呢?

积极的或消极的自尊，可以通过以下对比显示出来：

积极的自尊	消极的自尊
自我尊重	自我贬低
自信	自我怀疑
自我价值	自我虐待
接受自我	自我否定
自爱	自负
自知	自欺
自律	自我放纵

高自尊并不意味着自负。事实上，情况恰恰相反。除非一个人能与自己和平相处，否则他也不能跟其他人和平相处，就好比我们不能给其他人我们没有的东西。除非我们拥有高自尊的组成部分，否则我们不能与他人共享。

首先，我们需要诚实地评估自己，并规划好自己。即使在飞机上，飞行“安全说明”告诉你，在帮助你的孩子之前，先戴上你自己的氧气面罩。这不是自私。因而，为了在身体上和情感上帮助并支持其他人，我们需要让自己的情绪和身体都很强大。

行动计划

我承诺做到：

1. 阅读本章后，我将确定以下3个需要改进的地方，并且承诺自觉改进的时间为30天。

（1）______________________________

（2）______________________________

（3）______________________________

2. 3个我会改掉的缺点。

（1）______________________________

（2）______________________________

（3）______________________________

YOU CAN WIN

Step By Step To Win

第8章

建立高自尊的步骤

|成功的基础|

就像环游世界的先决条件是有一本护照一样，高自尊是引导自信地过着有意义的生活的先决条件。

为了建立高自尊，首先我们需要确认形成低自尊的原因是什么。

形成低自尊的原因

从我们出生那天起，我们的自尊就开始形成，包括积极的或消极的。其他人的行为，加强并形成了我们自己的感觉。

消极的自言自语或消极的自我暗示

消极的自言自语是指我们有意识或无意识地对自己说话，表达出来如：

- 我的记忆力差
- 我不擅长于数学
- 我不是运动员
- 我累了

这样的表达通过潜移默化只会加强自我否定，最终把我们拉下来。很快我们的头脑开始相信这些表达，并且我们的行为会相应改变，以致它们成为自我实现的预言。

环境

家庭

父母能给予自己的孩子的最好礼物是做人之根本。

家族之树的最好的部分就是其立家之根本。当看到一个小女孩有礼貌的行为时，老师问道："谁教你做到这么有礼貌？"小女孩回答道："没人。在我们家都是这样。"

昂贵的珠宝并不是送给孩子们的真正礼物，父母们送了，可能只是为自己从未给孩子们购买礼物而感到内疚。很多次，父母们给孩子们购买礼物，只是试图弥补没有花足够的时间陪伴他们。其实，真正的礼物是自己腾出来的那部分时间。

教养

“同胞们，为什么你们成天连每一块石头都不肯放过地搜刮财富，却很少花时间照顾自己的孩子，难道不应该重新振作起来吗？”

——苏格拉底

为了我们的孩子幸福地成长，我们需要花上两倍的时间和一半的金钱。年轻求学时产生的痛苦，比无知的成人产生的痛苦要少得多。

高自尊的父母培养孩子们树立积极的信念和价值观，给孩子们灌输自信和高自尊。反之亦然。

拥有诚实的父母是孩子们的一笔伟大的遗产。不幸的是，参与不正当交易的父母给他们的下一代做了一个坏榜样。

一个强大的榜样或导师可能是受人敬重的父母、亲戚或老师。在孩子们的性格形成期，他们将自己的父母和老师尊为权威人物。即使是成年人，我们也期待我们的主管和经理能成为自己的榜样。

小眼睛在看你[①]

小眼睛在看你，并且他们日夜在看。
小耳朵很快地听到你说的每一个字。
小手渴望做任何他想做的事情。
一个小男孩梦想着有一天他将会像你一样。
你是这个小家伙的偶像，你是最聪明的智者。
在他的小脑袋里，从没有出现过怀疑。
他虔诚地相信你，记住所有你说的和做的；
当他长大后会像你一样，按你的方式说和做。
有一个天真的小不点儿，他相信你总是对的；
他的眼睛总是睁着，并且他日夜观察。
每天你都在以身作则，
他等待着长大后像你一样。

① 摘自威廉·杰·班尼特、西蒙 & 舒斯特编《道德指南针》，1995 年版第 523—524 页。

是什么让一个小孩违法？[①]

· 教他所有的东西都可以用钱买卖，他将会出卖他的正直。

· 教他从来不表明立场，然后他总是相信任何事情。

· 让他相信成功不是一切，而是唯一的东西，他会不择手段地获取成功。

· 从婴儿时就给予他想要的一切，长大后，他会认为这整个世界都欠他，并且一切东西都会装在银盘里交给他。

· 当他学会说脏话时，感到好笑。这样会让他觉得他是很可爱的。

· 从来不给他任何道德或伦理的价值观。等他长到21岁，让他自行其是。

· 只让他选择，却不给予指导；从来不告诉他，每一次选择都产生一个结果。

· 从不告诉他，他做错了，他可能产生一种情结。这会使他形成条件反射，当他做错事情被逮捕时，会认为是社会在反对他。

· 总是帮他收拾东西，如他留下的到外散放的书、鞋子、衣服，等等。为他做所有的事情，所以他将学会把所有的责任全推给别人。

· 让他读、看和听任何他想要的东西。关心供给什么给他的身体，但是让垃圾供给他的思想。

· 为了能在同龄人中受到欢迎，即使知道他们正在做错事，为了和睦相处他也必须支持。

· 家人经常当他的面争吵。这样当家庭破碎时，他不会感到惊讶。

· 他想要多少钱都给他。从不教他尊重金钱价值观，确保他从没有像你一样在生活中遇到困难。

· 为所有感观欲望提供即时满足，如食物、饮料和舒适，让他感受不到挫折。

· 站在他这边反对邻居和老师，就像是他们对他有偏见一样。

· 当他遇到真正的麻烦时，替自己申辩说：“我尽了最大的努力，但是不可能永远照料他做任何事。”

· 不采取坚定立场来制约，认为纪律会束缚了他。

· 更喜欢遥控家长监管，以为这样能教导他学会独立。

---

① 根据《容易使儿童犯罪的 12 步》改编，一位美国警察署长经过 50 多年的准备得出的见解。资料来源 :http://gracegems.org/C/delinquent.htm。

建立自信心

每天上班前，一对年轻夫妇习惯于把他们的女儿留在日托中心。当他们分开时，父母和孩子亲吻对方的手，然后把吻放在他们的口袋里。在这一整天里，每当小女孩感到孤独的时候，她会把这个亲吻拿出来放在她的脸颊。这个小仪式让他们感觉是在一起，尽管他们身体上是分开的。这是多么美好的一个想法！

教育

无知并不可耻，但不愿意学习可耻。通过案例，可以将榜样角色拿来教导。在形成性格时期，接受了正直的重要性教导的孩子，通常不会失去它。正直变成生命的一部分，这在任何专业都是我们需要的人，无论是承包商、律师、会计、政治家、警察或法官。正直比诚实更强大。事实上，它是诚实的基础。

年轻人容易受教导自己的人的影响。如果他们看到自己的导师，如父母、老师或政治领导人骄傲地吹嘘着自己的不诚实，比如从酒店偷一条毛巾或从餐厅偷餐具，将会发生以下的情况：

- 他们感到失望。
- 他们失去对导师的尊重。
- 持续地公开，会让他们接受这些行为。

坏榜样

一个老师问一个小男孩，他的父亲是做什么的。小男孩回答道："我不太确定，但我猜他制作笔、铅笔、电灯泡、厕所卷纸，因为他每天都用他的午餐盒装着这些东西带回家。"

不公平的比较

不公平的比较是另一个导致低自尊的原因。不公平的比较之所以不对，是因为他们让一个人感到自卑并导致他们的自尊下降。公平的比较是可以的。但在生活中很多时候，父母会在兄弟姐妹之间做出不公平的比较。例如，他们针对你会说，你的哥哥是一名医生，你怎么不是呢？你的姐姐是个会计，你怎么不是呢？问题是，“我必须要成为他们吗？”这是不公平的。那么，公平是什么？“如果你像你的哥哥或姐姐一样努力地学习，你可以做得一样好甚至更好。”我认为这是一个公平的比较，因为你不是质疑他人的能力。高自尊的人不跟他人竞争，相反，他们提高自己的技能。他们与自己竞争，站在过去的基础上不断提升。

成功或失败：扩展效应

有大量的事实可以证明：“成功孕育成功，失败孳生失败。”当一个人失败时,他们的自尊会下降；当自尊降到很低时，就很容易导致再次失败。就这样，当他们再次失败时，自尊就下降得更低，等等。在运动场上我们经常看到，每当冠军争夺者的士气低落时——在某个时刻它会变低——教练永远不会安排他面对一个很强的对手。这样做是因为如果冠军争夺者遭受失败，他的自尊会受挫。为了让他找回自信，教练会安排他同一个较弱的对手竞争。这样，他取得胜利后会提升自尊。接下来教练安排他同稍强一点的对手竞争——取胜后会进一步提升他的自信，等等，直到有一天，冠军争夺者就能调整好竞技状态，面对最终的挑战。

每一次成功，自信心都会随之上升，下次就更容易成功。因此，任何好的领导、家长、老师或主管，会让每一个孩子从简单的事情做起，通过鼓励及积极的尝试，将会逐步巩固孩子积极的自尊。我们应有的责任就是帮助打破失败链，进入成功链。

混淆了失败和挫折

> 成功来自于99%的失败。
>
> ——本田宗一郎（本田汽车公司的创始人）

当人们在一些特定的事务中失败时，大多数会变得灰心丧气，他们开始把自己看作一个失败者，没有意识到过程失败（挫折）并不等于最终失败。我可能失败过一次，但这并不意味着我是个失败者；我可能被愚弄一次，但这并不意味着我是个傻子。

不切实际的完美期望

一个小孩带回家一张写有5个A和一个B成绩报告单。但他的父母往往会说的第一句是:“为什么得B?”你认为这个小孩想要B吗?小孩会怎么想——我的5个A呢?这是否意味着家长应该接受B?如果今天你接受这个B,明天你会得到什么?C、D和Z。显然,我们不应该降低我们的标准。那么,一个负责任的家长会怎样处理这种情况呢?他们会对小孩说:“你得到5个A,做得好。下一次,我们会看到6个A。”

孩子真正想要的是鼓励,是承认他得到5个A所付出的努力。同样,一名员工在工作中可能做了100件正确的事和一件错误的事情。猜猜他的老板应该做何选择?显然是,承认积极的表现,但不接受不合格的表现,不降低自己处理事务的标准。

缺乏纪律

纪律是什么?

纪律的目的并不是惩罚犯错。它是惩罚吗?它带走了自由吗?

都不是。纪律的目的不是让一个人解下他的皮带来抽打他人。这样做是疯狂。纪律是有力的保护。它指明行事的方向,在问题出现之前起预防作用,具有可行性。它是实现卓越表现的安全带和能量渠。纪律不是让你为他人做事,而是让你为那些自己关心的人做事。

纪律是一种爱的行为。有时,你必须做到不近人情才能取得有益的结果:不是所有的药都是甜的,也不是所有的手术无痛苦,但是我们必须承受它们。我们需要向大自然学习。我们都熟悉长颈鹿这个大动物。长颈鹿妈妈在生产长颈鹿宝宝时,宝宝会突然从她的肚子里一下子落到坚硬的地面上。这时,母亲所做的第一件事就是走到宝宝后面,使劲踢它一下,以让宝宝站起来。只不过,宝宝的腿是虚弱的。它颤抖着想站起来,但很快就跌倒了。母亲又一次走到宝宝的后面,又踢它一下。宝宝再次试图站起来,但是再一次跌倒了。但妈妈就这么一直踢宝宝,直到它能够站起来为止。妈妈为什么这样做?因为她知道,宝宝站起来是唯一的生存的机会,否则它将会被食肉动物吃掉。

我要问你的问题是:这是爱的行为吗?肯定是。儿童在关爱中、在有纪律的环境中长大后,会更加尊重自己的父母,并且成为遵守法律的市民。反之亦然。

如果在每个家庭，都执行了纪律，少年违法犯罪会减少95%。

——J. 埃德加·胡佛

好的父母不会因为小孩一时的不喜欢而不执行纪律。

纪律给予自由

自由不是尽可能地满足自己的欲望，而是通过控制欲望得到的。

——爱比克泰德

有一种误解，认为自由的意思是做自己想做的事。然而，一个人不可能总是拥有他想要的。许多时候，理解良好的价值观和纪律带来的益处是不容易的。表面看起来，不守纪律会带给人更多的益处、便利和快乐。但我们应该看到，无数的事例表明，缺乏纪律已经阻止了人们取得成功。

因而，与其说自制力牵制着我们，不如说，自制力是在真正促使我们上进。这就是自制力带给我们的全部。

一个男孩和父亲一起放风筝。男孩问父亲："是什么让风筝飞上天的？"父亲回答道："是这根风筝线。"男孩不解地说："爸爸，这根风筝线是拉风筝下来的。"父亲让儿子看着他。很快他弄断了风筝线。你猜风筝怎么了？它掉下来了。在生活中，是不是有很多这样真实的事例？有时候，我们认为是拉自己下来的东西，却是帮助我们起飞的东西。这就是自制力带给我们的全部。

我想要自由

我们经常听到这句话："我想要自由。"如果火车离开轨道，它是自由了，但是它能开往哪里呢？如果每个人都制定自己的一套交通法规，那么驱车行驶在路上时，是叫获得自由呢还是在制造混乱？其间缺少的是什么？是自制力。通过遵守规则，我们才能获得自由。

纪律是有力的保护

在我的研讨会上，我问过很多参与者同样的问题："如果你的小孩发烧到

105（华氏）度，并且不愿意去就医，你会怎么做？”他们都说，会让孩子得到医疗帮助，即使小孩抵制，也要送他们去就医，哪怕用强制的方式。为什么？因为这对小孩最有利。在生活中给予正确的价值观竟是如此不同！

育儿不是人气竞赛。

在生活中，只有两种关系的人会对孩子予以关心和指正，而其他的关系都只会给予惩罚。这两种关系就是父母和老师。

> 一个法官在判决一个抢劫犯时，问他还有没有什么要交待的。抢劫犯回答道：“法官大人，请你也判我的父母进监狱。”法官问道：“为什么？”抢劫犯回答道：“当我还是一个小孩时，我从学校偷了一支铅笔。我的父母知道后，从没有说一个字来阻止我。然后，我偷了支钢笔。他们仍然什么也没说。后来，我不断从学校和邻里那里偷许多东西，直到它成为我的一种癖好。我的父母知道这些事，但他们从来没有说过一个字来阻止。所以，如果有人应该跟我一起进监狱的话，就应该是他们。”

他是对的。尽管这并不能免除他的责任，问题是，他的父母有没有尽职地做到父母应该尽的职责？显然没有。如果我们进一步分析就会发现，这个抢劫犯实际上是在为他的父母的粗心大意/疏忽/不负责的行为付出代价。

给予孩子选择权是重要的，但是没有指导的选择会引起一场灾难。身心健康是奉献和自律的结果。

> 父母平均每周花15分钟时间跟孩子谈一次“有意义的对话”——堪比他们花时间从同龄人和电视中搜集到的价值。
>
> ——改编自美国家庭协会杂志

问问自己，没有纪律：

· 一个船长能有效地管理一艘船？

· 一名运动员能赢得一场比赛？

· 一位小提琴演奏家能在一场音乐会上出色地发挥？

对上述的每一个问题，答案是“当然不是”。那么，为什么今天我们在个人行为或达到一些标准上，总怀疑纪律是否是必要的呢？它绝对是必要的。

当今的理念是：“如果感觉对，就去做。”我听到过父母们天真地说：“我不在意我的孩子做什么，只要他们开心就好。这才是重点。”我问他们：“你难道不想知道是什么使他们开心？”如果在街上殴打他人，并且抢走他人的东西，那么，这样做他们会很开心。实质上，有一个词就是说他们的，它叫作“堕落”。

我们从哪里以及怎样获得幸福，和幸福本身一样重要。它是我们的价值观、纪律和责任的结果。感觉良好是做好事的自然结果，做好事是做好人的自然结果。

我们总是听到，“做你喜欢做的。”反之亦然。喜欢你所做的。很多时候，不论我们喜欢不喜欢，我们都不得不去做我们应该完成的事。

经过一天的忙碌，一个母亲回到家，料理家务活，照看婴儿，累到筋疲力尽才去睡觉。半夜里婴儿哭起来。妈妈想要起床吗？肯定不想，但是她不管怎样还是起床了。为什么？原因有三：爱、义务、责任。

我们不能只生活在情感里。不分年龄，我们需要加上纪律。在生活中，成功来自于做我们应该去做的事，而不是做自己喜欢做的事。这需要自制力。

贴标签和奚落

经常性的奚落和负面性的批评破坏自信心，并且导致低自尊。

你有没有听过，有些父母有时开玩笑地/亲切地或者有时气愤地称他们的孩子为“笨蛋、白痴、蠢货、傻瓜”？孩子一直把父母和老师看作权威人物，而他们的父母一直说：“你愚蠢、白痴、笨蛋、蠢货……”

这样，孩子会认为，父母懂得的比我多，如果他们说我是笨蛋，我一定是笨蛋。这就给孩子贴上了负面标签，并伴随其一生。当孩子长大后，他们会确保父母所说是对的。这个标签不只是一辈子，还会代代相传。在印度的等级制就是最好的例子，让人们看到贴标签是怎样伤害并且导致社会的自我毁灭的。有没有什么东西被称为上层阶级或下层阶级？回答是，它们全是人为贴上的标签。

父母用在孩子身上常见性的奚落/标签有：

· 你是笨蛋。

· 你从没做对任何事。

· 你将一事无成。

· 你完全没用。

· 你是笨蛋，或你是白痴。

· 你一无是处。

教导错误的价值观

每当我们违背自己的价值体系时，我们的自尊就会下降。自尊的魔力是，每当我们在生活中做一些积极的事情时，即使没有人在看，我们的眼界也会提升一点；每当我们做一些错误的事情，像说谎、偷窃、欺骗时，即使没有人在看，我们的眼界也会下降一点。很多次，我们在家庭和组织中会于不经意间教导错误的价值观。比如，我们让我们的小孩或员工替我们说谎。

· 告诉他们我不在这里。

· 告诉他们那张支票已经邮寄了，实际上当时还没有寄。

我们都期待着身为父母、老师和主管们来教我们正直。但很多时候，我们感到失望。因为让小孩或员工去说些小谎，久而久之会让他们变为一个专业的说谎者。我们教其他人替我们说谎，总有一天，他们也会对我们说谎。比如，一个秘书想去购物时，就打电话请病假。可能老板让她替自己说谎的次数足够多，以致她已经变成一个能对老板说谎的专家了。每次一个人说谎，并且教他的孩子说谎，他们在孩子眼中的形象会下降一点点，也让孩子的自尊下降并且自卑情绪上升。只有第一次谎言很困难，第二次就变得很容易，第三次和第四次是更容易，以此类推。很快孩子们就变成成功的说谎者，甚者既说谎，又偷窃。

建立积极的自尊的步骤

第1步　阅读那些已经把他们的弱点转化为力量的成功人士的传记和自传。

阅读些把消极转化为积极、逆境转化为优势、绊脚石转为垫脚石之人的传记。因为他们拒绝让失望和失败把自己拖垮。

一些最好的音乐是由贝多芬创作出来的。他的生理缺陷是什么？他是个聋子。一些最好的自然诗是由米尔顿写的。他的生理缺陷是什么？他是个盲人。世界上最伟大的领导人之一是美国总统富兰克林·D.罗斯福。他的障碍是什么？他坐在轮椅上为美国人民服务。

威尔玛·鲁道夫的故事[1]

威尔玛·鲁道夫出生在田纳西州的一个贫穷家庭。四岁那年，她得了肺炎和猩红热，一个致命的组合使她患上瘫痪和小儿麻痹症。她不得不戴上支架，并且医生说，她将永远无法把她的脚放在地上。但是，她的母亲鼓励她。她告诉威尔玛，神会赐予你能力、毅力和信念，她能做任何她想做的事情。威尔玛说："我想成为这个世界上跑得最快的女性。"9岁时，不顾医生的建议，她解下支架，并且迈出了医生曾说过的她永远不可能做到的第一步。13岁，她参加了人生中的第一次比赛，跑了最后一名。然后，她参加了第二次、第三次、第四次比赛，都是跑了最后一名。直到有一天，她跑了第一名。

15岁那年，她去田纳西州州立大学。在那里她遇见一个名叫爱德·坦普尔的教练。她告诉他："我想成为地球上跑得最快的女性。"坦普尔说："带着你的这种精神，没人能阻止你。何况我会帮你。"

这一天终于来了。她在奥运会上，跟一个名字叫尤塔·海涅的成绩最好的女性选手进行比赛，尤塔·海涅从未被任何人打败过。第一场比赛是100米赛跑。威尔玛击败尤塔·海涅，并且赢得了她的第一枚金牌。第二场比赛是200米赛跑，威尔玛再次击败尤塔，并且赢得了第2枚金牌。第3场比赛是400米接力赛。她还是再一次跟尤塔比赛。在接力赛中，最快的一个人总是跑最后一圈，并且是她们的团队的压阵队员。头3个人跑完后均轻松地交换了接力棒。当轮到威尔玛跑时，接力棒掉到了地上。威尔玛看到尤塔在另一端迅速起跑，赶紧捡起了接力棒，像机器一样跑起来，结果第3次击败尤塔，并且赢得了她的第3枚金牌。这永记历史：在1960年的奥运会上，麻痹症女人成为地球上跑得最快的女性。

从威尔玛的身上我们能学到什么？它告诉我们，成功人士不是自身没有问题，而是有问题也勇于实践。

---

① 改编自1994年11月13日《明星纪事报》。

当我们听到或读到把消极转为积极的真人真事，这不就是鼓励我们吗！如果我们经常阅读这类人的传记和自传，又怎能不让我们保持积极心态呢？

第2步 突破思维定势

教育教导我们能做什么和不能做什么。

> 我正在寻找很多的拥有无限能力但不知道什么不能做的人。
>
> ——亨利·福特

我们知道，亨利·福特为这个世界带来了V8发动机。事实上，他没有受过多少正式教育，14岁后就没有去学校上学。他的头脑很聪明，知道V8发动机对他的公司非常有价值，无奈自己不知道怎样将它制作出来。于是，他请求那些受过高等教育的人，或者有制作经验的人制作。但这些人认为，V8发动机是不可能制作出来的。

亨利·福特坚持要他的V8发动机问世。他问那些人有没有可能让V8问世。这些人回答："我们知道什么能制作，也知道什么不能制作。V8是不可能制作出来的。"但几个月过去后，亨利·福特仍对那些人说："我想要我的V8发动机。"没想到不久后，正是那些说不可能制作出来的人生产出了V8发动机。

为什么会这样？因为他们的想象力突破了学术上的局限性。教育教给我们什么能做，有时也教给我们什么不能做；正式的教育能教给我们潜力，许多时候也教给我们局限性。

第3步 为不能以现金或实物报答你的人做些事情

世界著名的精神科医生卡尔·门林格尔有一次被问道："如果你知道有人将会神经崩溃，你会建议这个人什么？"观众期望门林格尔医生建议咨询专业人士，但他没有。他说："我会建议这个人去城镇的另一边，找到一些需要帮助的人，并且帮助那些人。通过这种方式，我们就能走出自我封闭。"许多次，我们陷入故步自封中，是不是？

做一名志愿者，能帮助人建立自我价值。帮助他人，不图回报地付出的过程，能给人带来一种满足的感觉，会提升自我。

第4步 学会给予和接受赞美

不要错过任何给予他人真诚赞美的机会。记住，关键词是真诚——它能让一个人感觉良好，自尊心得到提升。当他人给你一个赞美，你就有礼貌地接受，并且优雅地回敬道：“谢谢你。”对他人给予的赞美表示感谢，是因为你内心觉得自己值得享有这个赞美。这也是谦逊的标志。

第5步　承担责任

我们需要对自己的想法、态度和行动承担责任，并且避免找借口推卸。不要像一个挂科的学生一样，只是因为他不喜欢某个老师或者某门课程。当我们不承担责任时，我们对谁伤害最深？显然是我们自己。我们需要承担责任，并且停止责怪别人。只有这样，也只有这样，我们才会提高技能和生活质量。

> 我们享受的权益不能大于我们的义务，对权利的保护不能超越履行职责的限度。
>
> ——约翰·F.肯尼迪

借口带来的问题往往比问题本身更糟糕。

我们应负起责任：

- 对自己
- 对家庭
- 对工作
- 对社会
- 对环境

在日常生活中，我们需要做一些事情，让这个世界变得更好。我们是下一代的监护人。如果我们不负责任的行事，下一代能原谅我们吗？

如果人的平均期望寿命是75岁，而你现在是40岁，那么，你有365天乘35年的生活时间。问问你自己这个问题：这些时间里你要做什么？如果我们接受或承担责任，就会使自己更具有价值。

第6步　执行纪律

自律不会被人剥夺，只会带来愉悦。你看那些还没有取得成功但有才华和能力的人，他们感到沮丧，并且因此影响到他们的业务、健康、与他人的关系。他们对外界的事物表达不满，责怪自己运气不好，就是没有意识到许多问题是由自己缺乏自律造成的。如果我们严于律己，他人自然跟着学会自律。如果我们放任自流，他人同样会跟着放任自流。自律能增强自我价值，尽管在短期内自律可能带来痛苦，但是从长远看对个人发展有着极大的收益。

第7步　设立目标

明确的目标能给人以方向感，当这个目标实现时，能给人带来成就感。比目标更重要的是使命感和抱负，它们能让生活充实且有意义。

我们成为什么样的人，比我们实现自己的目标更重要。这个“成为”的过程给我们带来良好感觉。它就是自尊的全部。

在设定目标时，我们需要立足现实。不切实际的目标永远不会实现，由此会产生低自尊，而切合实际的目标则是对建立高自尊的鼓励。

第8步　结交具有高尚道德品格的人

一个人的品格，不仅可以通过与他交往的人判断出来，也可通过他不想交往的人判断出来。

> 如果你尊重自己的名誉，就与高品位的人来往，否则，独自一人比跟品行不好的人在一起更好。
>
> ——乔治·华盛顿

友谊测试

许多时候，负面影响来自于虚假形式的友谊和同伴间的压力。一些人对你说：“你是不是我的朋友？”以这样的做法来让你陷入一些错误的事情当中。当你迫于同伴的压力而陷入一些错误的事情当中，随后遇到麻烦时，猜猜这些人会在哪里？他们不在你附近。要知道，这些人，如果他们今天没品行，明天他们又将从哪里得到品行？这就是问题所在。**请记住，真正的朋友从不想看到自己的朋友受伤。**

在友谊产生之初，也许就是一个测试友谊的过程。与道德高尚的人交往，会帮助自己建立自尊。

经常看到，一些人为了被他人接纳去做错误的事情，并说：“这很酷。”他们没有意识到，这样做将会遭到无情抛弃。

同伴的压力

当一个人渴望被群体接受胜过做正确的事时，很明显他身上缺乏些什么，即勇气和品格。为了融入群体而逢迎他人，这种总是让同伴开心的做法似乎是确保自己不受群体排挤的一种安全做法。这就是他们与高自尊的人之间划出的分界线，就是男子汉与男孩的区分。

例如：

· 孩子在学校从众，是因为他们不想被人嘲笑。

· 课堂上，学生不回答问题，是由于怕被人取笑。

· 工厂里，工人保持低效率是为了让同事高兴。

任何事情保持在一定限度内都能行得通，是这样吗？

一些人说："适度是可以的。任何事情保持在一定限度内都能行得通。"对此，我提出的问题是，它真的可以吗？

· 在一定的限度内欺骗可以吗？

· 在一定的限度内说谎可以吗？

· 在一定的限度内偷窃可以吗？

· 在一定的限度内吸毒可以吗？

· 在一定的限度内吸烟可以吗？

· 在一定的限度内不贞可以吗？

· 在一定的限度内传播艾滋病毒可以吗？

显然，有些事就是不能做！

一些人经常替自己的错误行为找理由："我试一下就能退出来。"或者"我随时能退出来。"或"我想退就能退出来。"他们没有意识到错误都是从第一步开始的。负面力量开始弱如细线，最后能成为难于破坏的强劲锁链。

第9步 要内部驱动，而不是外部驱动

> 未经你的许可，没有人能让你不如他人。
>
> ——埃莉诺·罗斯福

有这样一个关于古代印度圣人的故事。一次，圣人被一名愤怒的路人辱骂，并称他为"丑八怪"。圣人镇定地听着，直到这个人说完为止。圣人的学生为此相当困惑，就问圣人："你为什么不回击他呢？"圣人听了反问学生："如果一个提议不被接受，那它属于谁的呢？"学生回答道："它属于提出提议的这个人。"圣人说："我拒绝接受他的提议。"说完，圣人冷静地离开了，只剩下这个茫然的学生。这位圣人就是内部驱动的。

只要我们将问题归咎于外部原因，我们的苦难就会继续，并且我们会感到无助。除非我们为自己的感受和行为承担起责任，否则我们不能取得任何改变。为此，首先要问的是：

· 为什么我不高兴？
· 为什么我生气？
· 为什么我沮丧？

然后，我们开始找到制服它们的线索。

第10步 培养一种能带来快乐的心态

幸福是积极自尊的结果。如果你问人们是什么使他们高兴，你会得到各种各样的回答。大多数回答会包括物质上的东西，但是这并不是真的。幸福来自存在而不是拥有。一个拥有生活中一切的人可能还是不幸福。反之亦然。

幸福是内在的。幸福就像是一只蝴蝶。如果你追它，它径直飞走了。如果你站住不动，它飞来并且落在你的肩膀上。

苦涩是情感失败的标志。它麻痹我们向善的度量。设置你自己的标准，对自己诚实，跟自己竞争，做到以下方面：

· 在每种情形中和每一个人身上寻找积极面。
· 下决心要获得幸福。
· 合理地设置自己的标准
· 培养起对负面批评的免疫力。
· 学会在每一件小事情上寻找到乐趣。
· 记住，任何时候都是不一样的，跌宕起伏是生活的一部分。
· 在每种状况中做到最好。
· 一直不断地充实自己。
· 帮助比自己更加不幸的人。
· 学会超然于物外，不要担忧。
· 原谅你自己和其他人，不要深陷内疚或怨恨。

第11步 给自己积极的自我暗示

自我暗示是肯定式的陈述：自己想成为什么样的人，想拥有什么样的事物，以及想做什么样的事。

要养成不断地进行肯定式的自我对话习惯，通过影响自己的潜意识，自我暗示将改变自己的信念体系。一个人的行为反映了他的信念体系。因此，通过自我暗示影响自己的信念体系，就会影响自己的行为，进而成为自我实现的预言。例如：

· 我能处理。 · 我能做到。

· 我擅长数学。 · 我有很好的记忆力。

第12步　把缺点转成优点

1. 我们最大的优势能变为我们最大的弱点。

任何优势过了头就会变成弱点。例如，在销售中，良好的表达能力是一个销售员的优势。我们经常看到，拥有良好表达能力的销售员为促成销售，极力劝说消费者。然而因为说得太多，结果反而失去消费者。他们的优势让他们很快进入销售角色，然而，因为使用过度，它最终变成了一个缺点，让推销失败。

再比如，倾听是一个人的优点。但过度的话，听得太多，说得不够，就会失去交谈者。它就变成了一个缺点。

2. 我们最大的弱点能变成我们最大的优势

愤怒是一个人的弱点。怎样让它转化成优势？

一位女士通过加入反对酒后驾驶汽车母亲联合会做到了这一点。这位女士因为一位司机酒后开车而失去了她的孩子。她非常愤怒，下定决心要让这个社会不能容忍酒后开车这种不负责任的行为。她成立了反对酒后驾驶汽车母亲联合会，号召母亲们反对酒后开车。联合会拥有遍布全美国的数千会员，成为了一股强大的力量。为此，她们在追求改变国会立法和各州立法方面取得成功。这是一个转变负面情绪的例子。通过积极的行为，将愤怒转化为力量。该女士还将自己的愤怒转化为决心。

第13步　有耐心

> 耐心带来信心、决断力和理性人生观，这些终将带来成功。
>
> ——布莱恩·亚当斯

很多时候，人们通过培训或阅读书籍来充电，并且学以致用。但是，由于没有看到立竿见影的效果，他们感到沮丧，并选择了放弃了。我们常听到人说，一个人做出积极的或消极的表现对其本身没有任何影响。然而，事实并非如此。差异或许不明显，但是情况正在发生变化。

在中国，人们种下一棵竹子，头4年里浇水、施肥，但看起来什么也没有发生，看不到竹子生长的迹象。但是在第5年的某个时候，连续6周的时间，这棵竹子长高了约27米。那么，这棵竹子的生长是用了6周还是用了5年？如果头4年里这棵竹子没有被浇水施肥，当没有明显生长的迹象时，那么，它就不可能生长茂盛了吗？事实是，这棵竹子会死掉。这个教训很明显。有耐心和信心，并且坚持做正确的事情，虽然一时看不到结果，但事情正在发生变化。

提醒：我们必须区分出耐心和懒惰。有时一个人可能纯粹是懒惰的，但我们往往认为他是有耐心的。

> 好的开始带来好的结局。
>
> ——英语谚语

第14步　编制清单：列出自己拥有的长处和短处

成功者意识到自己的局限性，但是专注于发挥自己的长处。失败者认识到自己的长处，但是纠结于自己的局限性。除非我们知道自己的长处和短处是什么，否则我们怎样才能依靠自己的长处，来克服自己的短处呢？

长处	短处
________________	________________
________________	________________
________________	________________

没有比亚伯拉罕·林肯说过的这番话更好地表达自尊的核心——

世界，我的儿子今天开始上学！[①]

世界，牵起我孩子的手——他今天开始上学！

在一段时间内，孩子都会感到既陌生又新鲜。我希望你能对他温和一点。你知道，直到现在，他一直是家里的小皇帝，一直是后院的主人；我一直在他

① 改编自1991年2月的“讲坛帮助”，引用自1994年《苹果种子》第10卷第1期。

身边，为他恢复、清理伤口，给他感情上的慰藉。

但是，现在一切都将发生变化。今天早晨，他将走下屋前的台阶，挥挥手，踏上他伟大的冒险征途，途中也许会有战争、悲剧和伤痛。

在这个世界上生活，需要信仰、爱和勇气。所以，世界，我希望你握住他稚嫩的手，教他必须知道的一些事情。教他——如果可能的话，文雅点儿。

我知道，他必须学习，所有的人并不都是正直的——所有的男人和女人并不都是真诚的。教他知道，世界上有一个恶棍，就有一位英雄；有一个敌人，就有一个朋友。让他早点知道恃强凌弱者是最容易战胜的人。

教他感受书本的魅力；给他时间，去安静地思索自然界中永恒的神秘：天空中的鸟、阳光下的蜜蜂和青山上的花朵；教他知道，失败比欺骗光荣得多；教他要坚信自己的思想，哪怕别人都予以否定。

当他人都去随大流时，试着给我的孩子不随大流的力量；教他学会倾听，分辨出所有他听到、看到的真理，并且，只从中吸取精华。

教他永远不要出卖自己的内心和灵魂；教他对暴徒的嚎叫置若罔闻——并且在认为自己是对的时候站出来战斗；以温和的方式教导他，世界，但是不要溺爱他，因为只有烈火才能炼成真钢。

这是个很高的要求，世界，但是请你尽力而为。他是一个多么可爱的小伙子。

——亚伯拉罕·林肯

行动计划

1. 列出我将会加强的3个长处。

①____________ ②____________ ③____________

2. 列出不期望得到金钱或实物回报，我应该去做的3个活动。

①____________ ②____________ ③____________

3. 列出3种我会远离的消极影响。

①____________ ②____________ ③____________

4. 列出我将会承担更大责任的3个领域。

①____________ ②____________ ③____________

5. 列出3个我喜欢结交且具备高尚品格的人。

①____________ ②____________ ③____________

6. 列出在接下来的3个月中，我会读的3本励志自助/激励的书。

①____________ ②____________ ③____________

7. 列出我应该努力给予真诚赞美的3个人。

①____________ ②____________ ③____________

YOU CAN WIN

Step By Step To Win

第9章

人际交往能力

|创建亲和力|

技术和专利花钱就能买到，但要想成为最富有的人，就必须建立起各种关系网。

比起这个世上的其他能力，我将付出更多的时间和精力用在提升人际交往能力上。

——约翰·D.洛克菲勒

普天之下都相同的是，在纯商业交易上不会出现问题，而是在人的支配上会出问题。当我们处理好人的问题时，大多数业务问题就会迎刃而解。

为什么别人会跟我们达成交易？他们跟我们达成交易，不是因为我们是最聪明的人，而是因为与我们做生意很惬意。是什么让他们感到惬意？其实，他们并不在乎你懂得多少。他们在意的是你对他们的重视程度。这种交往从来不是有形的，而是无形的，它被称为不确定性因素。问题是，你怎样把握这些不确定性因素？

人际交往知识比产品知识更重要。成功的人拥有讨人喜欢、富有引力的个性，正是这些使他本人很有魅力。这对与别人开展友好合作很有帮助。

讨人喜欢的个性很容易识别，但是很难定义。它表现在行为举止、言谈表达、主动热情和乐观自信上。一个讨人喜欢的个性是一个人的心态、行为和表达的组合。当你的个性始终充盈在你的内心和脸上时，无论处于什么年龄，你永远都不会失去吸引力。带着令人愉快的方式表达，比带着其他任何东西都更加重要。它比擦皮鞋和修指甲更能让人增色。在短期内，用迷人的举止来掩饰差的品德可能行得通，但是，真实的品德会很快被人知道。人际关系是建立在才华和品德基础之上的，没有品德，生活中会受人鄙视。没有品德和人格的魅力，就像有美貌却没有善良一样，经过一段时间后，就变得让人反感。归根结底，实现持久成功的组合是品德和魅力。

对每个人都必须彬彬有礼，但只对那些经得住各种考验的人才能推心置腹。

真正的友谊就像生长缓慢的植物，必须经历和承受不幸的冲击（而不倒），才有资格称呼它为友谊。

——乔治·华盛顿　1783年1月15日

生活是一个回旋镖

就像是回旋镖回来的方式一样，在生活中，我们会得到我们曾经给予别人的。

本杰明·富兰克林说：“当你对别人好时，实际上就是对自己好。”

无论是你的思想、行动或态度，早晚它们会返回给自己——并且是非常准确地。

请往上走的时候以礼待人，因为你往下走时将会遇到他们。

下面这个故事选自《在最好的……比特&皮茨》[①]

很多年以前，有两个男孩在斯坦福大学求学。由于囊中羞涩，他们被逼着想到一个主意，寻求伊格纳奇·帕德协夫斯基帮助，通过举办钢琴演奏音乐会取得报酬，以支付学费和解决膳食费。

帕德协夫斯基，这位著名的钢琴演奏家，他的经纪人要求两个男孩拿出2000美元的保证金。在当时，这笔保证金是一大笔钱，但是他们俩同意了，并且继续推广他们的音乐会。他们努力工作，然而，最终获得的总收入只有1600美元。当音乐会结束后，两个男孩告诉著名的演奏家关于收入的坏消息，并把1600美元全部给了他，外加一张400美元的欠条。两个男孩解释道，他们会尽早挣到钱并把所欠的钱还上。看起来像是他们大学生涯就要结束了。“不，孩子们，”帕德雷夫斯基回答道，“那不行。”然后，他把这个欠条撕为两半，还把两人送上的钱也还给了他们。“现在，”他告诉他们，“从这1600美元里扣除

① 新泽西州经济出版社 1994 年版第 84—85 页。

你们所有的成本支出，你们每人留下余款的10%，这是工作收入。好吧，让我休息一下。”

岁月流逝。第一次世界大战来了又去，时任波兰总理帕德雷夫斯基正在努力想办法帮助他的祖国成千上万的饥饿的人们。这个世界上唯一能帮助他的人是赫伯特·胡佛，他是美国食品和救济局的负责人。胡佛做出了回应，并且很快就有数千吨的食物被运送到波兰。

在饥饿的人民有了粮食可以填饱肚子之后，帕德雷夫斯基前往巴黎感谢胡佛提供救济食物。

“不用谢，帕德雷夫斯基先生，”胡佛回答。“此外，你不记得了，但是你曾经帮助过我一次，当我还是一名大学生，在读大学遇到麻烦的时候。”

任何一个人，如果真诚地帮助他人，必然也是在同时帮助自己，这乃是人生中最优美的补偿之一。

——拉尔夫·沃尔多·爱默生

善有善报，这是天性使然。一个人不应该带着获得回报的欲望去做好事。事实上，当带着私心去做好事，本身就不是善良，而是交易。善有善报，只是顺乎自然地发生。

阻止建立和维护积极关系的因素

它们大多数不言自明，在这一章的后面部分会进行阐述。

· 自私和不体贴的行为
· 不履行承诺
· 粗鲁、不礼貌的行为
· 彼此间有不切实际的期望
· 低道德价值观或有冲突的价值观
· 缺乏正直和诚实
· 以自我为中心

· 傲慢、自负
· 态度消极、思想封闭
· 不愿倾听
· 本性嫉妒多疑
· 缺乏纪律
· 冷漠且缺乏同情心
· 无耐心、易愤怒（脾气使一个人惹上麻烦，自负让麻烦一直缠身）
· 操纵行为、表里不一
· 逃避现实
· 过分敏感的本性
· 不愿意接受现实
· 过去有过坏的经历
· 唠叨和多负面的批评
· 贪婪——就像海水：喝得越多，就越是口渴。

自负和自豪的区别

建立正向关系的最大障碍是自负。自负是自我陶醉，是不健康的自满产生的傲慢。健康的自满带有谦逊、愉悦的感觉。自负让人头脑发热，而自豪让人心胸宽广。头脑发热带给人头疼，心胸宽广带给人谦逊。

不论一个人取得的成就是大是小，永远不会让人有骄傲的借口，但自豪可以！自负不行！

约翰吹牛说："我的儿子从我这里遗传了智慧。"他的妻子回答道："我也是那样认为，因为我一直在欺骗自己。"

自负—— "我什么都懂"的心态

对于一个以自我为中心的人，这个世界从开始到结束都是围绕着他转。一个以自我为中心的人可能有一种怪异的幽默感。

一个老板问他的一个雇员，他是不是非常想得到加薪。这个雇员说："真的非常想，我一直在向上帝祈祷加薪。"老板回答道："你不会得到加薪，是因为你一直让我无法理解。”这表明，一个自我中心者贬低他人，并且看不起他人。

自负是麻醉剂，能减弱愚蠢带来的痛苦。

——科努·特基普

自私和自身利益的区别是什么?

理解自私和自身利益之间的区别是非常重要的。自私是基于这样的原则：“对我来说，只要自己取得成功，哪怕这个世界消失了都可以。”而自我利益是基于这样的原则：“对我来说，想要成功，不需要失去身边的世界，我们可以实现双赢。”

自私是消极的和破坏性的。它之所以破坏人际关系是因为它基于消极的价值观，相信不赢则输的原则。自我利益是积极的，相信会出现双赢的局面。

人应该虚心而不是空虚

虚心和空虚的思想的区别是什么？虚心是能够接受新事物，评估可否接受、拒绝思想和以品德为基础的概念。

空虚是垃圾场。它不经评估就接受任何事物。如果有人去你家里面倒垃圾，你能容忍吗？当然不能，你不仅会要求倒垃圾者清理烂摊子，还会惩罚他们，让他们永远不会再次重犯这个错误。这是现实层面的在房间里面倒垃圾。难道当他人往我们的思想里倒垃圾时，不适用于同样的原则吗？为什么我们允许别人往我们思想里倒垃圾，要么是人为干预，要么是通过媒体传播？为什么我们不隔离并清除这种垃圾，以保持思想纯洁和健康？

不要让别人污染你的思想。

我们要以自己的方式而不是他人的方式看待事物

有这样一个传说。

一位智者一直坐在自己村子的外面，有一个旅行者走到他跟前问道：“我正在寻找一个住的地方，好从我自己的村子里搬出来——你们这个村子里，都住着什么样的人呢？”智者反问道：“你自己的村子里住着什么样的人？”这个人回答道：“他们是卑鄙的、残忍的、粗鲁的。”智者听了说道：“在我们这个村子里，也住着同样的人。”

一段时间过去后，又一个旅行者来到智者村里问同样的问题。智者问他：“你自己的村子里，住着什么样的人？”旅行者回答道：“他们是非常善良的、谦恭的、有礼貌的，是非常好的人。”智者说：“你将会发现，在我们这里的人也是那样的。”我们应以我们自己的方式看待世界。

我们能改变他人的行为吗？

我们不能改变他人对我们的行为。但是大多数时候我们发现，他人的行为是我们对他们的行为的反馈。因而，通过改变我们自己的行为，就可以影响他人对我们的行为。

行动计划

1. 在过去的30天中，列出你已经证明了的3个行动：

· 无私

①__________ ②__________ ③__________

· 礼貌

①__________ ②__________ ③__________

· 善解人意的行为

①__________ ②__________ ③__________

· 遵守承诺

①__________ ②__________ ③__________

· 彬彬有礼的行为

①__________ ②__________ ③__________

· 正直和诚实

①__________ ②__________ ③__________

· 理解

①__________ ②__________ ③__________

· 谦卑

①__________ ②__________ ③__________

YOU CAN WIN

Step By Step To Win

第10章

建立积极的个性

|简单而有效的步骤|

个性打开门，

品格使门保持敞开。

第1步　承担责任

> "责任倾向于有能力担当的人。"
>
> ——埃尔伯特·哈伯德

当一个人承担更多的责任时，他实际上是在提升自己。

问责的做法是让人们承担起责任。这是机制成熟的体现。承担责任是我们的心态和我们活动环境的反映。大多数人会因做对了事情而很快获得表扬，但是，当他们做错事情的时候，很少有人会爽快地承担起责任。一个不承担责任的人是不能免责的。因而，我们的目标就是养成负责任的心态。

停止相互指责

避免使用以下短语：

·别人都这样做，或……

·没有人这样做，或……

·这都是你的错。

不承担责任的人将责任推卸给他们的父母、老师、基因、上帝、命运、运气或星座。对此，我们应让孩子从小就接受责任教育，并且，没有一定程度的服从，孩子就不能受到教育。

约翰尼说："妈妈，吉米打破了窗户。"妈妈问道："他是怎么打破的呢？"约翰尼回答道："我朝他扔了一块石头，他躲开了。"

那些享用特权却不承担责任的人，最终都失去了他们的特权。责任涉及深思熟虑的行动。

在小事上，我们往往忽略自己的责任

是不是这样，认为事情不重要的想法让我们忙着推卸责任，而不是去做需要完成的事情。

社会责任

古印度的智慧教导我们，我们的第一个责任是针对社会的，第二个责任是针对家庭的，第三个责任才是针对我们自己的。当这种次序颠倒了，整个社会就会退化。社会责任应是每个公民应尽的道德义务。责任和自由密切相关。一个好公民的标志是他愿意凡事尽责，全力以赴。

伟大的代价是责任。

——温斯顿·丘吉尔

社会不会毁于无赖的活动，而会毁于善良之人的无所作为。这真是一个矛盾！如果善良之人真的很好，他们会处于无为的状态吗？或者他们只不过是贴上好人标签的无赖？如果好人通过无所作为来容忍堕落，他们又怎能算作是好人？

当邪恶变得活跃之时，好人仍然无所作为，则邪恶必定兴盛。

——埃德蒙·伯克

第2步　显示体贴

一个十岁的男孩去一家冰淇淋店，坐在桌子边问女服务员："一个冰淇淋甜筒多少钱？"女服务员回道："75美分。"于是，这个男孩开始数他手里的硬币。然后，他继续问一个小冰淇淋多少钱。女服务员不耐烦地回道："65美分。"男孩说："给我来一个小冰淇淋。"

男孩吃完冰淇淋，付过账离开了。女服务员过来收拾空盘子时被感动了。因为她发现盘子下面留下了10个1美分的硬币——作为小费。这个男孩在点冰淇淋之前，就考虑到了要给服务员小费。他的做法体现出了善解人意和关怀他人，先替他人着想。

如果我们都像这个小男孩一样思考，我们就会生活在一个更好的地方。我们应做到为人着想，谦恭有礼、举止文雅。为人着想体现了关爱。

第3步　双赢思维

一个男子死后，圣彼得问他，是想去天堂还是地狱。这个人问圣彼得，能不能在做决定之前先看看这两个地方。圣彼得同意了，就带他先去了地狱。在地狱里，他看到一个大厅里有一张长桌子，桌子上面摆满了各种各样的食物。同时，他看到了一排排脸色苍白、悲伤的人。他们看上去饥饿且面无表情。他还观察到另一件事：他们的手里都拿着四英尺长的刀和叉，正尝试着把食物从桌子的中间取回来送到自己的嘴里。但是他们做不到这点。

随后，圣彼得带他去了天堂。在天堂，他看到一个大厅里有一张长桌子，桌子上也摆满了许多食物；在桌子两边坐着好几排人，他们手里也是4英尺长的刀和叉。但是，这里的人都面带笑容，并且吃得很好，看上去都很健康。因为这里的人意识到，用四英尺长的餐具根本不能用来喂自己，那就喂给桌子另一边的人，两边人互相喂食。这样做的结果是幸福、享受和满意，因为他们没有只顾自己，而是想到实现双赢。我们的生活何尝不是如此。当我们为我们的客户、家庭、雇主或雇员服务时，我们同时也顺其自然地收获成功。

第4步　谨言

一个人说他无论什么都喜欢，但到最后，人们听到的都是他不喜欢什么。请说得尽量委婉些。委婉包括仔细用词，并且知道深浅——也就是知道什么可以说，什么不可以说。有表达天赋却不委婉，结果就会令人不满意。言语反映一个人的态度，使用不当就有可能伤害感情、破坏关系。很多的人受到不合适言语的伤害比受到自然灾害的伤害要多得多。事先选择好自己要说什么，而不是说你的选择是什么。这是智慧和愚蠢之间的区别。

夸夸其谈的意思并不是交流，而是说得多，交流得少。

愚者不思考就说话，智者在说话之前先思考。

说出去的让人痛苦的话，能导致无法挽回的伤害。父母跟孩子说话的方式，在许多情况下塑造孩子们的命运。

说出去的话不能收回

一个农夫诋毁他的邻居。后来，意识到自己的错误，他就找到牧师请求宽恕。牧师听了，就让他带一袋羽毛，将它们丢在小镇的中心。农夫照牧师说的去做了。回到牧师那里，牧师要他将那些丢弃的羽毛收集回来重新放到袋里。农夫照做，但是羽毛已被风吹走，再也收不回来了。当他拿着空袋子回来时，牧师说道："你的话语也是一样的。你说出它们来相当容易，但是你再也不能收回它们。你要非常小心地选择自己的话语。"

这样的事情相当普遍，但是带来非常深刻的教训是："逝去的时间、射出的子弹和说出的话，都不能收回。"话语可以成全生活，也可以毁灭生活。

第5步　不要挑剔和抱怨

这里所谈到的挑剔，指的是负面的挑剔。当一个人受到了挑剔，他就会选择自卫。爱挑剔的人常常像是不断地告诉司机如何开车的乘客，他会让司机变得疯狂。这样的意思是不是说，我们应该从不挑剔，也不给予建设性的批评呢？当然不是!

建设性的批评

应该怎样提供建设性的批评?

给出能激励他人的批评的建议：

· 做一个教练——带着帮助的心态批评。
· 要详细具体，而不是说如"你总是"或"你永远不会"这样的言语。
· 确保事实正确。
· 不要讽刺，因为它会引起愤恨。
· 如果给出的是合适的批评，就没必要重复。
· 在私下批评，而不是公开批评。
· 向他们显示纠正的好处。.
· 指出不纠正它的损失。
· 批评的是行为表现，不是这个表现者。

·不要表达个人的不满。

·保持正确地批评，不要做得过分。

·以理解的心态肯定正面表现。

接受批评

有些时候你会受到批评。一个不能接受建设性批评的人，是典型的低自尊者。接受批评的建议：

·鼓起勇气接受它，优雅地处理它而不是勉强。

·以开放的心态评估它，如果它有道理，就接受它，并从中学习，照批评者的建议去做。

·不要抵触，立即且重点接受建设性批评。

·感谢这个给予建设性批评的人。

高自尊的人接受积极的批评，只能变得更好，而不是更坏。

不要做永久性的抱怨者

抱怨——人都有过，但不是有永久性抱怨的个性。如果你在酒店里没有得到好的食物，当然，你必须抱怨。但是不要抱怨个没完。

有些人是长期的抱怨者，抱怨已成为他的一个性格特点。这些人不管对什么都抱怨。对他们而言——如果天热，就是太热了；如果天冷，就是太冷了；如果下雨，就是太湿了。对他们来说，每一天都是糟糕的一天，无论什么他们都抱怨，甚至当事情完美地、正确地进行时，他们仍然能发现有些事情是可抱怨的。为什么不能成为一个永久性抱怨者？因为50%的人不关心你的问题，另外50%的人因为你有问题而高兴。那么，对你来说，抱怨有什么意义呢？事实上，一个长期的抱怨者，他人生中一半的时间都花在投诉上。

第6步　微笑和善良

微笑[①]

微笑，什么也不需要你花费，但能为你收获很多。

① 改编自《在最好的……比特 & 皮茨》，新泽西州经济出版社 1994 年版第 170 页。

它使那些得到它的人富有，但不会使付出它的人贫穷。

它发生在一瞬间，但它留在记忆中是永恒的。

微笑为家庭带来快乐，为工作增添善意，是友谊的象征。

它是缓解疲劳的良方，是战胜困难的灵丹妙药。

在每个日子里，你的熟人可能是太累了没有给你微笑，

那么，请把你的微笑送给他们。

快乐来自善良。一个微笑可能是假装出来的，也可能出自真心，关键是要笑就笑得真诚。皱眉比微笑要用到更多的表情，而微笑容易得多，还提高了颜值。谁愿意待在一个爱发牢骚的人身边呢？没有人，除了愿意成为一个更加爱发牢骚的人！微笑是有感染力的，是最廉价的美容方式，何况一张笑脸总是大受欢迎。

第7步　对他人的行为给出正面解读

总是从好的方面来看待他人，假定他人无辜。比如我们经常遇到，给人打一个电话却两天也没收到回复。这时，我们首先想到的是什么？是“他们忽略了我”，还是根本不是这样，可能的原因是：(1)他们从没收到消息；（2)他们收到了消息，但是正有紧急事情处理；（3)他们尝试回电话，但是没打通；（4）他们打通了电话，也留了语音信息，但是我一直没有收到。

可能有许多原因。假定他人无辜是值得肯定的，并且应从正面进行解释。

有些人患有“妄想症”：他们认为整个世界都对他有所企图。事实并非如此。在良好的关系中，通过正面的假设开始，我们会有更好的机会建立起令人愉快的品性。

第8步　做一个好的倾听者

为什么倾听很重要？

倾听表示关心。当你对别人充满关心时，别人就会感觉到自己很重要。当他感觉到自己很重要时，会发生什么？他会更加有干劲，并且更容易接受你的想法。

善于倾听让大家走到一起。它巩固关系并且避免误解。

第9步　充满热情

> 缺乏热情，难干大事。
>
> ——拉尔夫·沃尔多·爱默生

热情和成功紧密相连，但热情居第一位。热情激发信心、提高士气、建立忠诚，并且是无价的。热情是有感染力的。通过一个人说话、走路或者握手的方式，你能感觉到热情。热情是可以学到且可以培养的气质。

几十年前，查尔斯·施瓦布每年赚100万美元。当他被问道，支付给他这么高的薪水是不是因为他具有生产钢铁的非凡能力。查尔斯·施瓦布回答说："我认为我能激发人们热情的能力是我拥有的最大的资产，让一个人获得最好发展的方式是赞赏和鼓励。"

当你活着时好好的生活，不要在你死亡之前就像死了一样。能使平庸变成卓越的是热情和欲望。水变为蒸汽，两者间只是一度温度的差别，而蒸汽则可以驱动世界上最大的发动机。这就是在你的生活中，热情能帮着做的。

第10步　给予诚实和真诚的赞赏

心理学家威廉·詹姆斯说："人类最深处的欲望是渴望被人赞赏，不需要的感受是伤害了自尊。"

真诚的赞赏是一个人能给予另一个人的最伟大的礼物之一。为什么赞赏重要？因为它让一个人感觉到自己很重要，让他们的自尊上升，让他们感觉良好，让他们靠得更近。

感觉到自己重要的欲望是大多数人最大的渴望，它能成为巨大的推动力。

> 当今，最严重的疾病不是麻风病也不是肺结核病，而是被遗弃的感觉。
>
> ——母亲特蕾莎

通常情况下，作为家长、教师、主管，我们对员工说："你工作做得好。"

除此之外，没有更加具体的话，然后就离开了。对此，我们认为对他人已经表示了赞赏。作为评价，这真的是赞赏吗？我们离开后，这个得到这句赞赏的员工会比先前更加困惑，并且会问自己："我做了什么好事？"因而，这种赞赏完全是浪费。

要想做出有效赞赏，必须遵循下列标准：

1. 它必须具体。我对他人说："你在时间压力下，处理这个困难的客户的方式非常好。"那么，这个人就会知道自己被赞赏的是什么。

2. 它必须是真诚的、发自内心的。必须每个词都是认真的，如果你不这样，不进行赞赏反倒会更好些，因为不真诚显露出来了。

3. 它必须当即表示。如果一个人做过一些值得赞赏的事情，半年后我们才表示赞赏，其有效性会冲淡。

4. 不要用"但是"来限制赞赏。使用"但是"这个连接词，会使我们的赞赏无效。用"和""另外"或者其他一些适当的连接词。比如说："我感谢你的努力，但是……"就使赞赏无效，应该说这样一些话语："我感谢你的努力，并且想请你……"

5. 给予赞赏之后，等着确认对方收到并不重要。有些人希望自己的赞赏能够换来对方的赞美，这并不是赞赏的目的。

如果你得到赞赏，就接受它，并优雅地说一声"谢谢你"。

人们做出真诚的拒绝比做出不真诚的赞赏更容易。至少人们知道自己的立场。不要错过任何机会去给予真诚的赞赏。它能帮助他人建立自尊，同时也让自己的自尊跟着上升。得到公众的赞赏是对你本人的认可。

提醒：没有明确的衡量尺度，公众赞赏可能引起低自尊之人的不满。

赞赏与奉承的区别是什么？

区别是诚意。一个来自内心，另一个来自嘴巴。一个是真诚的，另一个有着不可告人的动机。有些人发现，奉承比给予真诚的赞美更容易。请不要奉承别人，也不要接受别人的奉承。

> 这是学校里的一则古老格言：奉承是愚人的食物，但偶尔，智者也会屈尊接受一点。
>
> ——乔纳森·斯威夫特

记住，在真诚的赞赏中，关键词是“真诚”。如果不是真诚的，就不要给予赞赏。因为人们可以感觉到虚假，并且马上会还以颜色。

不真诚的赞赏就像是沙漠中的海市蜃楼。你越接近，就变得越失望。因为它只不过是个幻觉，是拿真诚作为掩饰。

第11步　当你犯错时，接受它，然后继续前进

一位伟大的哲学家说：“当我错了时，做出改变很容易；当我正确时，适应生活很容易。”这是一个伟大的生活理念。

有些人是活到老学到老，而有些人则是活着但从不学习。从错误中能学到经验。最大的错误是，犯过一次错误后重复再犯。不要推脱指责。当你意识到自己的错误时，立即接受它并且为此致歉。

- 不要拖延它。
- 不要躲避它。
- 不要否认它。
- 不要纠结它。

不要为它辩解。为什么？因为优秀的人接受错误。接受错误能赢得他人的好感。接受错误要真诚，不要虚伪。有些人致歉是因为他们真心想道歉，而有些人致歉只是当作争取时间的策略。积极人格的关键是真诚地接受自己所犯的错误。

第12步　讨论，但不争吵

你有没有注意到，有一些人具有争吵的个性？对这些人来说，跟别人争吵是很自然的事。你站在哪一边不重要，重要的是他们永远站在你的另一边。争吵是可以避免的，并且通过小心谨慎可以避免很多伤心。赢得一次争吵的最好方式是避免它。争吵是你永远不会赢的一件事。如果你吵赢了，结局你输了；如果你输了，结局还是你输了。如果你赢得一次争吵但失去了一份好工作、顾客、朋友或婚姻，那这又算怎样的胜利？徒劳无益。讨论——可以；争吵——不必。争吵是由自我膨胀引起的。

争吵就像是去进行一场必败的战斗。即使一个人赢了，付出的代价可能远大于胜利的价值。有时，在情感大战中即使你赢了，也会留下残余的伤害。

在争吵中，双方都想多说几句。一场争吵无非是一场突出自我的战斗和进行一场大喊大叫的比赛。跟一个比自己更懂的人去争吵的人，更傻!

这值得吗?

你赢得争吵的次数越多，你的朋友就越少。即使你是正确的，也值得争吵吗？答案是相当明显的。就是一个很大的“不”字。它的意思是说一个人不应该提出一个反驳别人的观点吗？当然应该提，只是要温和婉转地提，通过说一些中性的语言，如，“基于我了解到的信息……”如果别人是好争吵的人，即使你能证明他是错误的，那争吵起来值得争吗？我不支持这样做；你会再次重申你的观点吗？我不会这么做。为什么？因为争吵是一个思想封闭的人试图去证明谁是正确的——而不是什么是正确的。

例如，在一次社交聚会上，特别是喝过一些酒之后，有个人可能很权威地说：“今年出口数据是50亿美元。”你刚好知道他说的这个信息是错误的，并且准确的数字是45亿美元。你今天早上在报纸上看到过的，或你去往聚会的路上（在你的车上）在广播新闻里听到的，并且在你的车上有简报可证实。你会表明你的观点吗？如果这样做，说：“我得到的信息是，出口数据是45亿美元。”另一个人回应：“你不知道你在说什么。我知道准确的是多少，而且它是50亿美元。”

在这一点上，你有几个选择：

1. 坚持表明自己的观点，并且开始一场争吵。

2. 从你的车上取来新闻简报，用来确证别人是错误的。

3. 讨论但不争吵。

4. 避免它。

正确的选择是3和4。

如果想要在生活中成就伟大的事业，就必须要练就成熟的心性。成熟的意思是，不纠缠在不重要的事情和微不足道的争吵上。

争吵和讨论的区别是什么?

· 争吵带来高温，讨论带来光明。

· 争吵源于自我和封闭的心胸，讨论来自开放的心胸。

· 争吵是交换无知，讨论是交流知识。

· 争吵是发脾气，讨论是有逻辑的表达。

· 争吵是试图去证明谁是对的，讨论是尝试证明什么是对的。

和心胸狭窄的人讲道理是不值得的。不能劝说他，所以你不能列出原因。一个心胸狭窄，并且还是个大嘴巴的人经常引起毫无意义的争吵。

讨论的目的，是让他人不中断地表达他的观点。要让争吵的人泄气。不要试着证明他的每一点错误，永远不要让他把你拉到他的那个层次，礼貌并且尊重他，这会让他迷惑不解。

不管是什么原因，控制这个局面最好的方式是：

· 有耐心地倾听。

· 不反击或报复——不反击会让这个人迷惑，因为他正期待着一次战斗。

· 不期望道歉。对于有些人来说，即使他们已经犯错，让他们做出道歉也是很困难的。

· 不要在小事中做文章。

讨论不仅需要在正确的时间说正确的事情，还包括不说不应该说的。应该教导小孩说话的艺术，而不是顶嘴。一个人处理一场争吵的方式能反映出他的教养。

> 很早以前，我就学会了从不跟猪扭斗。因为你会被弄脏，而猪喜欢那样。
>
> ——塞勒斯·京

展开讨论的步骤

1. 做一个思想开放的人。
2. 不要被拖进争吵中。
3. 不要打断他人话头。
4. 在表达自己的观点之前，先听听他人的观点。
5. 提出问题并让问题清晰，这会让他人思考。
6. 不要言过其实。
7. 通过热情说服他人，而不是强人所难。
8. 愿意让步。
9. 在小事情上灵活，在大事上坚持原则。

10. 不要让讨论受威望影响。

11. 让与你观点不同的人以体面且不伤自尊心的方式收回他的观点，直接拒绝可能会造成伤害。

12. 立场要坚定，但言辞要温和，而不是言辞坚定，立场温和。

在一场争论中，想打败一个无知的人是不可能的。他的强烈和刻薄的话，只表明他的观点的软弱。

在讨论中使用以下短语会是一个不错的主意，比如：

· 在我看来…… · 可能是我错了……

而以下面这些问问题的方式去化解争吵，就是在展示无知：

· 你为什么会有这样的感觉?

· 你能解释一下?

· 你可以说得更详细点?

如果讨论无果，或许可用礼貌的、温和的、客气的方式来求同存异。记住：作为成熟的成人，我们应该掌握拒绝的艺术，这样就不会引起不愉快。

基本原则是：从不争吵。

为什么?

1. 争吵是永远不会实现赢的一件事。

2. 即使你赢得一场争吵，但到最后你失去了人家尊重。这是不值得的。

第13步　不要散布流言

记住，跟你散布流言的人，也将会散布关于你的流言。

流言和撒谎是紧密相连的。爱散布流言的人，一听到流言，只要有空闲时就向外散布。他们从不介意自己的这种做法，因为他们对流言既没有判断能力，本身也无所事事。散布流言的人对于偶然听到的事情会比正常听到的事情更感兴趣。流言是从什么也不说变为添油加醋的艺术。

有人说得好：“小人谈论别人，常人谈论事实，伟人谈论思想。”

散布流言可能导致诋毁和诽谤。听流言的人跟散布流言的人一样有罪。

散布流言的人经常因为自己的嘴而陷入困境。流言不尊重正义，使心灵受伤、毁掉生活，并且它是狡猾的和恶毒的，使无助的人受害。它很难追踪，因为它没有面孔和姓名。它玷污名誉、煽动推翻政府、破坏婚姻、毁掉职业，使得无辜的人哭泣，导致伤心和彻夜不安。

当你沉迷于流言时，请扪心自问：

· 它是不是事实？
· 它是不是友善和温和的？
· 这有必要吗？
· 我是不是在传播谣言？
· 我在说他人正面的事情吗？
· 我喜欢并且鼓励他人传播谣言吗？
· 我的谈话是不是要以“不要告诉任何人”开始？
· 我能不能保守秘密？

要避免沉迷于流言，请记住：祸从口出。

第14步　兑现承诺

承诺是无论怎么样都要遵守的保证。它来自品格并且引人走向成功。

没有誓言的关系是肤浅和空虚的，不过是应付性和暂时性的。没有承诺，所做出的任何事情都不会持久。

承诺不仅不会带走自由，反而会带来更多的自由，因为它提供了一种安全感。我们做过的最重要的承诺反映的是我们的价值观。这就是人为什么必须要有好的价值体系的原因。

承诺能带来持久的同甘共苦的关系，显示出一个人的品格。

第15步　感恩，但不求回报

感恩是一个美丽的词，是一种感觉。它提升了我们的人格并塑造了我们的心性。它由谦逊发展而来，是一种报答他人的认知。它通过我们对他人的态度来传达，并且反映在我们的行为上。感恩不是报答善行，不是给予和索取。善良、理解和耐心不能被偿还。那么，感恩教给我们什么？它教我们合作和理解的艺术。感恩必须真诚。一句简单的“谢谢你”可以很亲切。许多时候，我们忘记对我们最亲近的人表达话单，比如我们的配偶、亲戚、朋友。感恩属于最高素质，由一个正直的人的品格、个性形成。以自我为中心的人不会表达感恩之情。亲切的态度会改变我们的生活观。因为感恩和谦逊，是自然而然的正确行为。

感恩应该成为生活的一种方式，尤其在一些我们一时不能给予回报的事情上。它可能是一个微笑，或一句谢谢你，或一个感激的手势。

想想你拥有的最珍贵的财富，是什么使它们特殊？在大多数情况下，礼物相对送礼物的人来说不重要（送礼物的人比礼物本身更重要，更有意义）。我们很少对自己已经拥有的一切表示感恩。

回想一下，试着回忆一个正面性的影响自己生活的人。你的父母、老师、任何花费额外的时间来帮助你的人。也许看起来他们只是做了他们应该做的工作，其实不是。他们心甘情愿地为你付出他们的时间、精力、金钱和许多其他的东西，完全是出于爱，而不是为获得你的感激。当某一时刻，意识到一个人是在努力帮自己塑造未来时，对这个人说声“谢谢”还不算太晚。

基督的故事

有关基督的这个故事说明了问题。有一次，10个麻风病人停在耶稣的面前，对他说：“你有神奇的力量，请赐给我们新的生活。”基督说：“我没有这种力量，但是跟着我行动吧，无论发生什么，我们都一起祷告。”

这些人按着基督说的去做，结果，他们的病都治愈了。这时，基督转回身来，发现除了一人，另外9人全都走了。没走的这人非常有礼貌地向基督表示感谢。基督说：“我什么也没有做。”这个故事中，基督给予了有求于他的10个人以新生活，但除了一个人外，另外的人没有向基督表示感谢。那么，这个故事的寓意是什么？

1. 人类是忘恩负义的。

2. 一个懂得感恩的人是杰出的人。

3. 我们应该像基督那样不期待感恩。

这在我们的现实生活中该怎样解释呢？我们给予了某人几天的食物和住所，然后说：“看看我为他做过了什么。”并且，我们经常听到有人说：“如果不是有我，这个人就要流落街头。”想想看，这样说的人是多么自我的一个人啊！

感恩的意思不是说感恩之人和其感恩对象之间彼此负有义务。相反，它是一种非常谦逊的感觉。

顺便一提

当人们请求他人帮自己一个忙时使用这个短语："顺便一提，你能不能帮我做这个？"这样就会破坏做或不做的重要程度。我已经发现，如果我们应当为某人做某事，它从来不是"顺便一提"，它总是"了不起的"。

这并不是从行为者的角度来帮忙。如果一个人不帮助他人去做能够胜任的事情，就会让人感到十分遗憾。但是我确信没有"顺便一提"之类的事情，帮助他人总是"了不起的"并且是值得的。

第16步　做一个可靠的人，实践忠诚

古老的谚语，"一盎司的忠诚比一磅的聪明更有价值。"这是普遍的、永恒的。

能力是重要，但是可靠性是至关重要的。如果有一个很有能力的人，但是不可靠，你想要他成为你的团队中的一员吗？不，当然不要。

我知道你会来

哈利和比尔系从小玩到大的朋友。他们一起上小学、大学，然后一起参军。战争爆发时，他们在同一个军队里作战。一次，战场上子弹横飞，哈利听到黑暗中传来一个声音："哈利，请过来帮帮我。"他立即听出是从小与自己一起长大的朋友比尔的声音。于是，他向队长请求，前往比尔那儿。队长说："不行，我不能让你去，我已经很缺人手。并且，我不能再失去一个人。再说，比尔的声音听起来就知他快不行了。"哈利没有再说话。这时，比尔的声音再一次传来，"哈利，请过来帮我。"

因为队长已经拒绝了自己，哈利只得静静地坐着。谁知求救的声音一次又一次地传来。哈利再也无法克制自己，他告诉队长："队长，这是我童年的朋友。我必须去帮他。"队长显得很无奈，但还是让他去了。哈利爬进黑暗中，把比尔拖回了战壕。然而，比尔已经死了。队长为此变得很生气，冲哈利怒吼道："我有没有告诉过你他快

不行了？他本已死了，而你还去救他。这样做，有可能会被杀死，这样我会更加缺少人手。你犯了一个错误。”哈利回答道：“不，队长，我没有犯错误。当我到达比尔身边时他还没死。他最后一句话是，‘哈利，我知道你会来。’”

良好的人际关系很难找到，一旦建立起来就应该加以培养。

我们常常听人说：过你梦想的生活。但是，你不能为过你梦想的生活而让他人付出代价。这样做是不道德的。我们要做的是，为我们的家人、朋友，这些我们关心并依靠我们的人做出个人的牺牲。

第17步　避免怀恨在心

不要成为一个垃圾回收站。你有没有听说过“我能原谅，但不能忘记”这句短语吗？原谅和忘记有极深的含义。当一个人怀恨在心时，他伤害谁最深？显然是他自己。试看，谁有血压病？当然是他有。作为自私的理由，原谅和忘记也是有意义的。宽恕总是从我们自己开始。很多时候，缘于不能忘却的内疚和怨恨，我们不断惩罚我们自己，对于自己在过去犯的错误比他人曾经犯的错做出更多的自罚。这就制造了负担，让我们总是付出代价。试问，我们要惩罚自己多久呢？此外，如果我们不能原谅自己，那么，我们怎么能原谅他人？我们只能给予我们拥有的。当一个人拒绝原谅的时候，他是在关闭心扉。因而，在某天他就必须打开心扉。

吉姆和杰瑞童年时是一对朋友，但是后来由于某些原因，两人的友谊破裂，有25年都没有搭理对方。杰瑞在临终前，不想因此而带着一个沉重的心情去死，所以他打电话给吉姆，道歉着说道：“我们原谅彼此吧，了结往事。”吉姆想想，这是一个好主意，于是便去往医院看望杰瑞。

两人在一起花了几个小时来聊天，谈论过去的25年——借此修补曾经的不和。吉姆要离开时，杰瑞从后面喊道：“吉姆，万一这次我没死，请记住，这次的宽恕不算数。”

唉，人生如此短暂，何必还难释怨恨呢。它太没必要了！

我真惭愧

虽然有些事不值得心存怨恨，但屡次上当也是不应该的。有句话说得好："骗我一次，你可耻；骗我两次，我可耻。"

约翰·肯尼迪曾经说过："原谅其他人，但是不要忘记他们的名字。"我确信他的意思是一个人不应该被骗两次。

第18步　践行诚实、正直、真诚

诚实的意思是要用真诚和真实对抗虚假和虚拟。

树立可靠的信誉。如果有东西可以建立关系，它就是正直。

没有遵守承诺，就是不诚实。

诚实激励人们开放、可靠、坦率。它表明自我尊重和尊重他人，是内在的，不是流于表面的。谎言能快速产生结果，但是诚实需要长时间检验。在一个公司的宣传册上或标题上是找不到正直的，但是在一个人的品格上可以找到正直。

如果牺牲正直，通过走捷径的方式赢得成功，这值不值得呢？这样做，固然可能赢得一个奖杯，但是他并没有赢得光明正大，也就永远不会成为一个快乐的人。因而，做一个正直的人比赢得一个奖杯更重要。

一磅黄油

有一个农场主卖给了一个烘焙师一磅黄油。一天，这个烘焙师决定称一下这块黄油，看看它是不是有一磅重。称后，他发现不足一磅。他被激怒了，当即把这个农场主告到了法庭。法官问那个农场主，他卖黄油时是怎么称重的。农场主回答说："法官大人，我的方法很简陋。我没有一个合适的测量工具，但是我有一个称法。"法官问："你有怎样的称法呢？"农场主回答道："法官大人，在这个烘焙师开始从我这里买黄油的很久之前，我一直从他那里买一磅面包。每天，当烘焙师带来面包，我就把它放在秤上，并且给他称相同重量的黄油。如果要怪的话，应该怪这个烘焙师。"

这个故事说明，生活中我们给予他人什么，将来就会得到什么。

每当你采取行动时，问问自己：我是不是为工资或金钱付出了公允的代价？

诚实与不诚实能变成一种习惯。有些人学会了不诚实，在撒谎时脸上能够做出一本正经的样子。有些人谎撒得太多了，以致他们不再知道什么是真实。那么，他们欺骗的是谁呢？当然是他们自己——比任何人都多。

诚实可以温和地呈现出来，但有些人为自己直截了当的诚实而自豪。看起来，他们是为直率而感到愉快而不是因为诚实。在表达时，遣词用句用得得体是很重要的。

真实，也许不是你想听到的东西

真诚的朋友之间，最重要的责任是说实话。有些人，不敢面对朋友出现的痛苦表情，就选择性地告诉一些朋友喜欢听到的东西。事实上，在他的内心深处，他知道自己没有做到诚实，是在欺骗自己。诚实的批评可能会让人感到痛苦。如果你有许多熟人和一些朋友，就该退后一步，花些时间来探索自己的人际关系深度。

缺乏诚信有时会被贴上圆滑、公关或政治的标签。它真的是这样吗？并不罕见的是，人们撒谎时称自己是在搞“外交”。事实上，他们只是在摆布他人罢了。外交，其实意味着理解他人的感受而用巧妙的方式表达，但没有说谎。而当有人非常自豪地说“我是在外交”时，在他的内心深处，他清楚知道自己是个彻底的说谎者。

说谎的问题是，一个人必须记住自己说的谎言。

诚实需要意志坚定和信守承诺。看看，有多少次我们会因为下述的表现而感到内疚：

· 善意的谎言？
· 奉承？
· 忽略事实或半真半假？
· 保持沉默或说大谎？

> 让自己做一个诚实的人，那么你可以肯定的是，在这个世界上少了一个坏蛋。
>
> ——托马斯·卡莱尔

信誉

我们都知道有关放羊小男孩大声喊着“狼来了”的故事。一天，这个小男孩放羊时喊道：“狼来了！”村民们听了都赶来帮忙。结果发现没有狼，还受到小男孩的取笑，他们只得离开了。第二天，小男孩又这样喊起来：“狼来了！”村民们听了又都赶来，结果发现还是没有狼。第三天，狼真的来了。小男孩大声喊叫，结果没一个村民赶来，他的羊被狼吃掉了。

这个故事的寓意是什么？非常简单：当一个人被贴上说谎者的标签时，哪怕他说了实话，也没有人相信他。为什么要相信？他得到了什么？正直的人从来不会拿自己的信誉冒险。

做一个真诚的人

真诚是什么？它是可靠、真实。真诚的人说出来的都是真实的，这些真实的事实又印证了他们的真诚。有没有一些可用来判断真诚的方法呢？可能有，也可能没有。有些人可能会因真诚而出错，但他们的人是真诚的。

真诚是一个有意向但难以证明的内在行为。我们通过真诚的愿望去帮助别人，以实现我们的目标。

远离虚假

问一个处在困境的朋友“我能为你做什么事情”真的很烦人。比起一个真诚的提议，它不过只是嘴上说说。如果你真心想帮忙，就去帮着做一些适合自己做且能完成的事。

许多人只是披着一件真诚的外衣，与其说世故，倒不如说自私，希望某一天他们也有求人的时候。

请远离无意义的、虚假的客套。

行动胜于雄辩

史蒂夫从学校回到家中，吃着妈妈早已经准备好的零食和果汁，对妈妈说：“妈妈，我爱你。”然后就跑出去玩了。他完全清楚，妈妈还要料理家务，如洗衣服和打扫房间等。约翰也是从学校回到家中，他对妈妈说："妈妈，我爱你胜过千言万语。"他吃着妈妈准备的零食和果汁，吃完后也出去玩了。保罗从学校回到家中，对妈妈说："妈妈，我爱你。今天，我要一直帮你。"他做了家务活，打扫了房间，倾倒了垃圾。晚上睡觉前，三个小孩都对自己的妈妈说："妈妈，我爱你。"从中，你认为妈妈能猜出谁最爱她呢？

第19步　践行谦卑

没有谦卑的自信相当于傲慢。谦卑是所有美德的基础，是伟大的标志。谦卑的意思不是自我贬低，也不是自我轻视。真诚的谦卑吸引人，虚假的谦卑遭人抵触。

许多年以前，一位骑手遇见一些士兵正试图移动一个沉重的大木头，但没有成功。一位下士军官正站在这些努力的士兵旁边。骑手问下士，为什么不上去帮忙。下士回答道："我是下士，我得指挥他们。"听到这，骑手下了马，走到士兵中间，帮他们抬木头。在他的帮助下，木头移动了。做完这些，骑手悄悄骑上马，并对下士并说道："下一次，你的手下需要帮助时，通知总司令。"骑手走后，下士和他的手下才发现，这个骑手竟然是乔治·华盛顿。

这个故事要表达的意思很明显。成功和谦卑手拉着手。当他人吹嘘你时，声音会传得更远。就此思考一下？质朴和谦卑是伟大的两个标志。

第20步　理解和关怀

在人际交往中，我们都犯过错误，有时我们对他人的需求漠不关心，特别是那些跟我们非常亲近的人。所有这些都会导致失望和怨恨。处理它的答案是理解。

人际关系不会因为人处事完美而产生，而是因为理解才产生。

做一个有爱心的人比只做一个好人更有满足感。懂得关怀，就会为人友善，这是一个人能拥有的最好的一种保障，并且这不会花费什么。

有些人用金钱来代替关怀和理解。实质上，做一个理解他人的人比金钱更为重要，最好的理解方式是先去了解。

践行宽容

宽容是情感成熟的标志，是在没有要求的情况下，考虑周到和体谅他人。宽容的人能享受到自私的人做梦也体会不到的富裕生活。

学会体谅他人吧，做到善解人意，自私只会带来惩罚。

做一个通融的人

通融在任何人际关系中都是非常重要的。通融是提出观点而不疏远他人的一种能力。做到通融的意思是，在尊重事实的同时，做到善解人意和体谅他人。

友好

金钱可以买到一匹很好的狗，但是只有友好才能让它信任你。友好不会来得太快，因为我们不知道多长时间是太晚。

友好是聋子能听到、盲人能看到的一种语言。当朋友活着时友好地对待他，比他死去后再到他的坟头送花更好。

友好的行为给人带来好感，不论是自己在做友好的事，还是别人在对自己做友好的事，友好的话语永远不会伤害舌头。

第21步　每天都有礼貌

要懂得礼貌。礼貌就是尊重他人。它打开了不礼貌打不开的门。有礼貌的人不刻薄，相对来说，在生活中会走得更远。

小事情会带来巨大的变化。你有没有被一头大象咬过？最明显的回答是“没有”。你有没有被蚊子咬过？我们大多数人都被蚊子咬过。礼貌，是通过让人生气的小事来考验人的耐性的表现，是由小小的友好组成的。

小的礼貌比聪明会让人走得更远。礼貌是深层道德行为的一个分支。它不花费什么但是让人收获巨丰。

没有人因为太大或太忙而无法做到有礼貌。礼貌，就是把你的座位让给老人或残疾人，就是一个温暖的微笑或一句“谢谢你”。它是一个很小的投资，但回报是巨大的。它增强了人们的正能量。礼貌要求谦卑。不幸的是，当一些人变得令人讨厌时，他们就降低自己的正能量。我曾经在无意中听到有人自豪地说:“我可以做到相当地令人讨厌。”以此，他吸引他人好奇的目光。

礼仪

礼貌和礼仪密切相关，同等重要。只要有可能，就在家练习礼仪，而不只是在外面。显示出体谅和有涵养的礼仪，能给人一种温暖的感觉。礼貌，意味着掌握良好的礼仪。

人们总是避免与粗鲁的人打交道。有礼貌的言行举止应该从小就被教育，这样，当我们长大后就可以成为稳重、体谅的成人。有礼仪的行为，一旦学会，终身受益。它展现了一种关怀的心态和体谅他人。这似乎微不足道和不重要，但是“请”“谢谢你”和“对不起”之类的小短语，能带一个人走得很长远。

记住，有礼貌的行为会得到同等的回报，因而，要尽可能多地去践行。最初，它可能是寻求关注，但是效果会非常好，值得去做。

礼貌是温和的标志。礼节是礼貌的另一个名字。它只花费一点，就能取得很多回报，不仅对个人，对于整个组织都是如此。

你有没有注意到，有时当一个人正在讲一个笑话时，另一个人突然打断他，并且讲出最好笑的部分，从而把注意力引到他的身上。当大家笑过后，他会透露他是在哪里读到它的。这可能会表现出高人一等的知识，但是暴露出了他的无礼。

礼貌显示良好的教养

很多有才华有天赋的人，因为缺乏礼貌和礼节而毁掉了他们的成功。礼貌和礼节是有教养的标志，粗鲁和无礼则相反。因而，我们应给予他人以尊重和崇敬。

> 粗鲁是软弱的人外强中干的表现。
>
> ——埃里克·霍弗

第22步　培养幽默感

没有幽默的生活会变得非常枯燥和乏味。幽默是一个人摆脱生活困境的润滑剂。不过，任何伤害他人的幽默都不是幽默。有些人天生不幽默。须知，具有幽默感能让一个人更讨人喜欢和有吸引力。最好的幽默是自嘲，它是成熟的标志。

要学会自嘲，因为它是最安全的幽默。自嘲能让受挫后的人恢复活力。对世界各地的人来说，笑声是天然的止痛药。幽默也许不能改变教训，但它肯定可以帮助人在受到伤害之后恢复平和。

幽默的疗效

《解剖病学》的作者诺曼·卡森斯博士就怎样治好自己的绝症为人们带来一个最好的例子。他的病只有五百分之一的机会能够治愈。为此，他想知道，是否能通过精神疗法来战胜药物疗法，并且想让这个想法成为现实。他想，如果负面的情绪在我们的身体中引起负面的化学成分，那么反过来也一定是——积极的情绪，就像快乐和欢笑，会给我们的身体系统带来好的化学成分。于是，他搬到一家酒店住下，租了幽默电影来观看。结果，真的通过笑治愈了自己。由此可见，医疗救助固然是重要的，但是患者生存的意志同等重要，甚至更加重要。

幽默能成为救生员。同时，它也让走出生活中的逆境更容易。

第23步　不要冷嘲热讽，不要攻击别人

负面的幽默包括讽刺、奚落和中伤。任何以讽刺他人来取乐的幽默都是低级趣味。

> 当有人因尴尬而脸红，当有人因受伤而离开，当神圣变为普通，当他人的弱点被取笑，当通过亵渎来制造乐趣，当孩子被嘲弄哭了，当不是所有的人都自然地发出笑声，那么，这样的笑声都是低劣的。
>
> ——柯利弗·托马斯

对于虐待狂来说，发生在别人身上的一切都很有趣。经常见到，一些孩子只是觉得有趣就朝着青蛙扔石头。然而，这样的乐趣会招致青蛙死亡。对青蛙来说，就不是乐趣。

幽默是带来益处还是带来危险，取决于你是跟他人一起笑还是你在嘲笑他人。当幽默涉及捉弄或嘲笑他人，它就既伤大雅，也伤及无辜。伤害他人的感情是残酷的。有些人通过贬低他人来制造乐趣。但要知道，嘲弄会使人们互相

疏远。因而，避免嘲弄他人的幽默，并且保持它的“低风险”是一个好主意，要认识到“人们会忘记伤害，但不会忘记侮辱”这个事实，这是非常重要的。请和人们一起笑——而不是嘲笑。

第24步　找到朋友，成为朋友

我们一直在寻找合适的雇主、合适的员工、配偶、父母、子女，等等。但我们忘记了自己也必须要做一个合适的人。

经验表明，没有完美的个人、完美的工作和完美的配偶。当我们寻找完美时，我们会感到失望，因为我们会发现现实中全都是一个问题解决了，另一个问题又出现了。我已经在西方居住了20多年，我关注高离婚率时发现，离婚的人再婚后发现，他的新配偶尽管没有前任配偶的问题，但是出现了另一种全新的问题。同样的，人们换工作，或解雇员工以物色适合自己心意的，但结果是都出现了新问题。让我们来着手解决这些难题，让离婚或者解雇成为最后不得已的解决方法而不是第一方法。

奉献

友谊需要奉献。建立友谊和人际关系需要奉献、忠诚和稳重。奉献在于主动摆脱自私。自私破坏友谊。一般成为熟人很容易，但是想建立真正的友谊，就需要花时间去交往和维护。当友谊经得起考验，就变得更坚固。我们必须学会识别虚伪的人际关系。真正的朋友不会让朋友受伤，真正的友谊就是付出的比得到的更多，并且在逆境中坚持不变。

酒肉朋友

酒肉朋友就像银行贷款员，当阳光明媚时，他借给你雨伞，然后在下雨的那一刻收回。

两个正在旅行的人穿过森林，遇到了一头熊。其中的一个人快速地爬上一棵树，但是另一个人不会爬树，所以他只得躺在地上装死。熊过来闻了闻他的耳朵后就离开了。从树上爬下来的人就问他：“熊告诉你什么？”这个人回答道，“它说，不要相信舍弃你，让你处于危险之中的朋友。”这个故事所要表达的思想如同白昼一样清晰。

互相信任和诚实是所有友谊的基石。

友谊，就是将对方的好处放在心上，按对方的意图照办，是建立在品格和诚信之上的。彼此都有持久美德的人，友谊会永远持续下去。

第25步　显示同理心

我们对他人犯错和我们自己经历的痛苦有着不同的权衡。只有同理心才是积极的个性中的一个非常重要的品格。有同理心的人问自己这个问题："如果有人以这种方式对我，我会有怎样的感觉？"

一只小狗

一个男孩去宠物店，要买一只小狗。他看到店内有四只小狗坐在一起，价格是每只50美元。但在店内一个角落里，单独坐着一只小狗。男孩问店主："它是不是来自同一窝，为什么它独自坐在角落里？"店主回答道："它是来自同一窝，但是它有毛病，天生就没有髋关节，只有三条腿，所以只会躺着。"

男孩问道："我能不能跟这只小狗玩？"店主说："当然能。"于是，男孩抱起这只小狗，小狗开始舔他的脸和手。男孩立即决定，他要买这只小狗。店主说："这只不卖！"男孩坚持着说："我会付你好多钱，就要这只有毛病的狗。"

店主说："如果你坚持，那我为什么还要阻止你呢？卖给你。"男孩从口袋里掏出2美元，然后跑到他的妈妈那儿要了48美元。当他付了钱抱着狗走到店门口时，店主从后面喊道："孩子，我理解你想付好多钱买一只有毛病的狗，可是我还是不明白，如果你花同样的价格，就可以买到一只健康的狗。为什么你想买这只有毛病的狗？"男孩没有说一个字，只是把他的左腿裤角提起来，只见他的腿上戴着一个支架。店主说道："现在我明白了。抱走吧，拿回你的钱。"

这个故事所说就是同理心。

做一个有同情心的人

当你分担忧愁时，它是在做除法；当你分享快乐时，它是在做乘法。

同情心和同理心的区别是什么?

同情心是，“我理解你的感受。”同理心是，“我感觉到你的感受。”同情心和同理心都是重要的。但是在这两者中，同理心肯定是更重要的。同情心有一种怜悯的元素，止于言语，而同理心触发缓解他人痛苦的行动。

当我们与我们的顾客、雇主、雇员和家人感受相同时，我们的关系会发生什么变化？它们会得到提升。因为它产生了理解、忠诚、安心和更高的工作效率。

你怎样评价一个人的品格，或一个社会团体、一个国家的品格？它是非常容易的。只需观察这个人或社团是怎样对待下面这三种人：

1. 残疾人

2. 老人

3. 他们的下级

这三个群体的人无法维护自己的平等权利。

这句引自劳埃德·希勒说过的关于同情的话阐明了一切。

坚决做到对年幼者温和、对年老者关爱、对奋斗者支持、对弱者和犯错者宽容。因为有的时候，在我们的生活中，我们自己也可能会成为这样的人。

在生活中，如果你想实现卓越，然后努力让自己优秀，卓越就会自动实现。

行动计划

1. 按10分制给以下内容自评打分：	1	2	3	4	5	6	7	8	9	10
是否承担责任?										
是否试图建立双赢的人际关系?										
是否谨言?										
是否给予有建设性的批评?										
是否接受有建设性的批评?										
是一个热心人吗?										
是一个好的倾听者吗?										
是否从正面建立人际关系?										
是一个热情的人吗?										
是否给予真诚的评价?										
是否远离争吵的行为?										
是否爱讲闲话?										
是否遵守承诺?										
是否懂得感恩?										
是一个可靠的人吗?										
是否信守正直?										
是否维护自己的信誉?										
是否夸大事实?										
不否具有同理心?										
是否具有幽默感?										

2. 从以上内容中选出三项，并承诺做出改进。

（1）____

（2）____

（3）____

YOU CAN WIN

Step By Step To Win

第11章

潜意识

| 形成积极的习惯和品格 |

习惯一开始像是柔弱的线，直到它们变成无法破坏的坚固链条。

我们日复一日所做的事情，决定了我们是怎样的人。因此所谓卓越，并非指行为，而是习惯。

——亚里士多德

我们给出的一个标语是："成功者不是做不同的事情，而是以不同的方式做事情。"很多时候，我被人问道："成功者以不同的方式做什么？"我的回答是："成功者培养做事情的习惯。"而这，正是失败者所不喜欢的。失败者不喜欢做的事情是什么？事实上，他们不喜欢做的，也是成功者不喜欢做的，只不过成功者无论如何都会坚持去做。

1. 失败者早上不喜欢起床，成功者也不喜欢，但是成功者无论如何还是起床了。

2. 失败者不喜欢努力工作，成功者也不喜欢，但是成功者无论如何还是坚持努力工作。

对成功者而言，来自习惯性的积极行为，像是一种本能反应。

我们都是为了人生的成功而生，但是很多时候，我们变成习惯于失去本不应失去的东西。我们经常听到这样的评论："这个人真的运气好，触摸的土都变成了金子。""他不走运，无论他接触什么，都会变成尘土。"这些评论，对于任何人都不会成真。

如果你分析那些被认为是幸运或不幸运的人的生活，你会发现，被称为幸运的人，实际上是在每次事务中做正确的事，积极的行为已经成为习惯，从第一次开始，他的反应就是在每一项事务中都把事情做正确。我们称之为运气不好的人，如果你分析他的生活和行事，就会发现消极的行为已经成为他的习惯，以致每次做事情时，都是敷衍了事。它是坏习惯带来的本能性反应。

我们经常听到的是，熟能生巧。这种说法是不正确的。熟练不会变成精通，只是让我们成为习惯。只有正确地实践，才能精通。有些人一直实践着他们的错误，从而变为精通犯错。我不是在玩文字游戏。不妨与你分享一个事例。当人们——特别是小孩子开始学习武术时，喜欢加快速度，但是教练教他们，首先要学会正确的姿势，然后才加快速度。如果他们的姿势是错误的，就会让这种错误的姿势变成永久的，就会伤害他们自己。老师确保这种错误的姿势不变成永久的，而让你精通的变成永久的。

学生学习武术，从他得到白腰带的第一天开始，他就学习基础的阻挡/攻击，甚至到5年后，他得到了绿腰带、棕腰带、黑腰带，他还在练习阻挡/攻击。老师想让阻挡/攻击成为学生的本能反应。为什么？因为老师意识到，如果这个学生在街头打架，必须用学到的阻挡/攻击来战胜对方，那么猜猜会发生什么，他会陷入麻烦。因为学武术的学生永远也不应该思考着采取阻挡和攻击的打法，永远不要发起主动攻击，而应让对方先动手，然后，以极快的速度只用一拳就结束战斗。如果他必须想着如何去做正确的事情，那么他永远不能正确地做事。必须让做正确的事变成一种无意识的反应。

很多时候，我们听到人们说："这只是一个小小的谎言，当大事来临，我就会说实话。"不过，如果我们在生活中说了足够多的小谎言，那么，当大事来了会发生什么？会发生为我们说一个大谎，是因为这已成为习惯了。同样地，当人们说这是一件小事，当大事来临时自己会显示出勇气时，就应知道，如果我们在小事上让懦弱成为了习惯，那么当大事来临时，会发生什么？我们最终成为一个大懦夫。为什么？因为懦弱变成习惯性或者永久性的了。

我们全都是习惯性的生物，我们的行为90%是习惯性的。我们不去思考，只是行动。如果我们有积极向上的习惯，我们就会有一个积极向上的品格，如果我们有消极的习惯，我们就会有一个消极的性格。到我们养成了习惯的时候，就会受到习惯的控制。

培养一个习惯就像是耕田，需要时间。习惯会生成其他习惯。促使我们行动的是灵感，让我们保持行动路线的是动机，让我们无意识的是习惯。

面对逆境时显示英勇的能力，面对诱惑时显示克制的能力，面对伤害时选择幸福，面对绝望时显示品格，面对困难时看到机会，所有这些都是宝贵的特性。这些特性不仅仅是表面展现，而是身体和心理的条件反射，也是长期磨炼的结果。在逆境中，我们的行为，无论是积极的或消极的，只能是我们实践过的那一个。当我们在小事情上养成如懦弱或不诚实等负面的特性时，指望以积极的方式处理重大的事情就不可能出现，因为这不是我们养成的特性。

如果我们允许自己说谎一次，只有第一个谎言是困难的，第二个则变得容易，第三个变得更容易，等等，直到它成为一个习惯。成功在于“保持和放弃”的理念。保持需要完成的事情，并放弃那些有害的事情，直到这样做变成习惯。人类是情感强于理智。诚信和正直是我们的信仰和实践的结果。任何事情我们练习的时间足够长，就会根深蒂固地进入我们的信仰，变成一个习惯。一个大部分时间诚实的人，会在第一次说谎时被抓到；而一个大部分时间都不诚实的人，会在第一次说实话时被抓到。

对自己和他人诚实或不诚实成为一个习惯：我们可以自己做抉择。我们选择的任何反应，都是我们的思维模式成为惯性的结果。我们培养习惯，习惯形成品格。在我们意识到已养成了某种习惯之前，这种习惯已俘获了我们!

养成好习惯

我们大多数的行为出于惯性——不假思索、无意识地发生。我们的品格是我们的习惯的总和。习惯比逻辑推理更强大。在由习惯形成的生命周期中，习惯在形成之初十分微弱，难以感觉，但形成之后就强大到无法打破。通过放纵或毅力，习惯都可以养成。如果我们不有意识地培养什么习惯，那么通过放纵，我们最终能形成坏习惯。

习惯怎样养成?

我们重复地做任何事情，都能形成一个习惯。在劳作中学习，通过勇敢的行为，我们学会勇气；通过践行诚信和公平，我们掌握诚信和公平的特性；通过实践这些特性，我们拥有这些特性。同样的，如果我们实践负面的特征比如不诚实、不公正的行为，或缺乏纪律性，那么，这些负面的特性就变为我们擅长的。态度是思想的习惯或思维方式，反映在行为上。它们成为一种心态，从而决定着我们的反应。

条件反射

条件反射是心理作用过程，通过习惯（或变成习惯)性行为，让彼此关联的特定事物建立起反应联系。关于，条件反射最著名的例子是巴甫洛夫对狗的实验。这位俄罗斯科学家巴甫洛夫，每次在他喂他家的狗之前，会按响一次蜂鸣器。当然，这只狗一看到食物就会流口水。巴甫洛夫这样做了一段时间后，只按响蜂鸣器，但并没有准备食物。可这只狗仍然流口水，因为它已经习惯了每次响蜂鸣器时，都会有期待的食物。

我们大多数的行为，都是条件反射的结果。我们都在环境和媒体不断地条件反射下，表现得像个机器人。我们使自己习惯于积极的生活方式，因为它是我们的责任。

如果我们想要把任何事情做好，就必须形成无意识的正确做事的行为。如果我们有意识地想做正确的事情，那么我们永远无法做得好。意思是说，我们必须让正确地做事成为习惯。

专业人士做事情看起来容易，是因为他们已经掌握了他们所做的任何事情的要领。很多心里想着升职的人想把工作做好。但是只有工作做好已成为习惯的人，才能出现积极的结果。

怎样形成条件反射?

想想，一只强有力的大象能用它的鼻子举起超过一吨重的物体，另一只大象如何习惯于待在被不牢固的绳子拴在一个小木桩旁。后者之所以会出现，是因为大象小时候被人抓住后，就被一条坚固的铁链拴在一棵结实的大树旁。小象自然不习惯被束缚，所以一直拽铁链，把链子从这边拉到那边。但链子很牢固，树也很结实，小象无力挣脱。当小象意识到所有的挣扎和拉动都没有用，它无法获得自由的时候，它就停止移动，保持着站立，渐渐就习以为常了。

这样，当小象长成为强大的成年象时，只要一根不牢固的绳子把他拴在一个小木桩上，它就哪里也不去。实际上，它只要拽一下，就可以挣脱束缚，自由地走开，但是它哪也不去，因为它已经永远地习惯了。

我们有意无意地不断形成习惯，通过接触:

· 我们阅读的书的类型;

· 我们看的电视节目和电影的类型;

· 我们听的音乐的类型；

· 我们一直陪伴的人们。

如果每天你开车去上班都听着同样的音乐，那么，几个星期下来，当有一天音乐播放器突然坏掉时，猜猜自己将会哼着什么曲调？当然是你听过的！

反复做同样的事情并且期待不同的结果，被定义为精神病。如果你继续做你一直在做的，你会继续得到你已经得到的。关于改变习惯中最困难的事情是，不去学习自己不会的，以及不去积极养成好习惯。

无用输入、无用输出（GIGO ）原理

计算机短语GIGO非常合理。

输入消极的、输出消极的；

输入积极的、输出积极的；

输入好的、输出好的；

输入淫秽的、输出淫秽的。

我们输入的等于我们输出的，对此，我们的潜意识分辨不出。无论我们选择什么融入我们的内心，我们的潜意识都会接受，并且我们的行为会相应地反映出来。

电视对我们的道德、思想和文化产生相当大的影响。当今，人们的大部分价值观均来自于媒体。

电视在带给我们大量有用的信息的同时，也助长了这些方面：严重降低了我们的品味、败坏了社会道德并增加了青少年犯罪。到18岁时，一个儿童在电视上看过的暴力行为会超过20万次。①。

最近几年，在美国的一些学校发生了大规模杀伤性事件。很多市民觉得，在媒体中出现的暴力和犯罪行为与青少年在街上出现的类似行为之间有着很大的关联。他们已试图影响这些媒体，通过减少暴力和犯罪方面的内容，来预防其对青少年产生的负面影响。

---

① 参考《销售能力》第 40 页，国家时代出版社 1996 年 3 月版。

广告商善于通过媒体控制观众的思想。一些公司在重大活动期间会在广告上花费数百万美元。为什么？很明显，广告有用，能让他们获得想要的结果。我们看到一个特定品牌的软饮料或牙膏的广告，就会购买该品牌，而不想购买其他品牌的软饮料或牙膏，只要这个品牌。这是因为我们的行事方式已变得程序化，并据此来采取相应的行动。

当我们看电视或听广播里的广告，我们的思想意识处于非活动状态，但是我们的潜意识处于开放中，能接收所有感知到的东西。

很多时候，我们得到的是完全虚假的消息。在几年前，我看过一个宣传啤酒的广告。它显示的是，一位身材很好穿着比基尼的年轻女士，3个男人在她后面追着跑。她一跳，屏幕上出现一个大水花，“啊—哈”她手中出现一罐啤酒。人们从这个广告中得到什么信息？(1) 身材好的年轻女士穿着比基尼，三个男人在追——这是让人兴奋的。(2) 你喝这个啤酒你也会得到这个“啊—哈”。失真的是什么？你认为这个身材好的年轻女士早晚都喝啤酒？(3) 如果她早晚都在喝啤酒，你认为她还能有这样好的身材？(4) 现实是，她可能像模特一样工作，每天早晚运动。但是这不是任何人接收到的信息，也会被人完全曲解。

另一个例子。许多年前，我看过一个宣传牙膏的广告。一个男人和一个女人用这个牙膏刷牙，然后他们在空中接吻，溅起一个大水花“啊—哈”。观众得到的信息是，你用这个牙膏刷牙，你也会有这个“啊—哈”。第二天上午，一个男人去超市买了同样的牙膏，他用这个牙膏刷牙，四周张望了一下，没有“啊—哈”。这里的关键点是，广告商不是卖给你为了卫生需要刷牙的理念——如果你不刷牙，你的牙齿会掉光，在你的牙槽那里会只剩一个洞，而是卖给你其他的东西，但不是卫生。

有项已完成的研究结果显示，90%的烟民在18岁之前就成为吸烟者，他们18岁时没吸烟的概率低于10%，并会成为永远的吸烟者。在这项研究结果出来前，猜猜看，是谁赞助了所有的大型体育比赛活动？是烟草公司。他们知道他们的目标客户群和潜意识易受影响的人的年龄。事实上，14岁的小孩会思索，如果自己是吸烟者，自己也会成为一个优秀的球员。自从这项研究出来后，许多国家修改了法律：烟草公司不允许赞助任何体育赛事。

同样的，就像广告影响我们的思想和行为方式一样，所有的广播和电视节目也影响着我们的思想和行为。有些摇滚乐的歌词全是淫秽的语言。如果我们自己看到并且允许我们的小孩看这种淫秽节目，那么我们的行为变得淫秽还稀奇吗？肥皂剧也有着同样的道理。肥皂剧是什么？它除了美化不道德的性乱交行为，别的什么都不是。我们要提供一个道德的定义。如果我们没有，那么很显然所有这一切都不重要。如果我们一直观看这些不道德的节目或听淫秽音乐或让我们的小孩做同样的事，会发生什么？这些就会变成我们对待事物的衡量尺度，并习以为常。从前不可接受的变成可以接受，最终会让人变得放纵并深陷其中。

根据杨百翰大学的教员艾伦·J.霍金斯博士和塔玛拉·A.伐克雷尔的研究成果，50%的离婚原因是缘于不忠，或者一方的负心。如果这不是与媒体中出现的不道德行为有必然的联系，那它又是什么呢？

我们与学校一起开展一些预防艾滋病的志愿者活动，从中了解到，艾滋病传播有三种重要原因：（1）多个性伙伴，（2）同性恋，（3）吸毒针传染。只有低于10%的原因系来自于亲子或输血。看看这些事实，如果我们没得到明确的信息，就不会知道艾滋病不是医学问题，而是道德问题，可见此前我们完全是天真无知。

看电影时，我们会大笑或哭泣，因为情感输入时立即会有一个情感输出。如果改变输入的，输出的也会跟着改变。

意识和潜意识

意识具有思考的能力，能做出接受或拒绝的判定。读什么书是有意识的选择，听什么音乐是有意识的选择，选择什么样的朋友是有意识的选择，看什么电影是有意识的选择。在选择上我们都是自由的，但是做出选择后，这个选择会控制着我们这个选择者。我们也就没有了选择。有意识地决定我们看什么电影，有意识地停止思想，然后，潜意识会打开。当出现一个可怕的场景时，人们会感到憎恶；当出现一个生气的场景，人们会变得生气；当出现一个激动的场景时，人们会感到兴奋；当出现一个悲伤的场景时，人们开始哭泣。发生了什么？我们有意识地决定看电影、有意识停止思想，然后，我们的潜意识接受到的内容，反应在了我们的身体上。

潜意识只会接受，无论输入什么它都不做区别。如果我们思想中输入了恐惧、怀疑和仇恨，那么我们的潜意识会被激活，并且把这些事情变成现实。潜意识就像一个数据库。潜意识像汽车，有意识像司机。在这两者中，潜意识更强大。不过，汽车虽然有力量，但是得受司机的控制。

意识是思想家和决策者给潜意识下达遵守的指令。从这个角度来说，意识是主人，潜意识是仆人。因而，意识还负有将潜意识调节为积极心态的责任。

潜意识能为我们所用，也能对我们造成伤害。它不是理性的。如果我们不能取得成功，就应该重新调整潜意识。

潜意识就像一座花园，不关心我们种什么。它是中立的，没有选择权。如果我们种下好的种子，我们会有一座好的花园；否则，我们会有一座杂草丛生的花园。人的思想也没有什么不同。积极的和消极的想法不能同时占据心头。为了成功，我们需要将自己调整到积极的状态。

调整自我

还记得我们当初是怎样学会骑自行车的吗？经历了四个阶段：第一阶段被称为“无意识的无能”。在这一阶段，我们没有意识到我们不知道怎样骑车：小孩子不知道怎样骑自行车（无意识），也不会骑自行车（无能）。这一阶段是“无意识的无能”。

第二阶段，“有意识的无能”。随着孩子的成长，孩子开始有意识地了解骑自行车是什么，但是他还不会骑，所以他是“有意识的无能”。

孩子开始练习骑车是在第三阶段，即“有意识有能力”。现在他能骑自行车，但是必须集中在（骑车）这个过程的方法上。所以他是有意识地思考和努力，且有能力骑自行车。

第四阶段，“无意识的能力”。经过多次有意识地练习骑车，孩子不用想，骑车已成为一个自动过程。他能在骑车的同时，跟他人交谈，朝人挥手。他已经到达“无意识的能力”这个阶段。在这个阶段，他不需要集中思考（怎样骑），因为他的行为模式已变成自动的成为一个条件反射性动作。

这是我们通过积极练习达到的阶段。无奈的是，我们可能也有一些处于无意识能力的惰性，妨碍我们的进步。

自然界里没有真空

在我写这本书时，我有两个爱打网球的侄子。有一天，他们的父亲对我说："这个运动变得好贵。除了球拍、球和场地，还要请教练。这一切都要花钱。"我问他："你说它变贵了，是跟什么做对比呢？"

他可以让两个孩子停止打网球，节省一些费用。但是如果孩子们不打网球，放学回家后，空有大把的时间和精力，他们会做什么呢？他停下来静静思考了一下，然后说："我认为这样做更便宜。我会让他们继续打网球。"他显然意识到了保持他们在正当活动中的重要性，否则，孩子们会被非正当的事情所吸引。因为自然界里没有真空。要么是正当的，要么是非正当的，没有中立的。

品格持续建立后会成为一个习惯。如果我们想要拥有令人愉快的个性，就必须注意检查自己的习惯。因为开始时的偶尔一下放纵，会演变为后来时的永久缺陷。请问问自己以下几个问题：

1. 你让自己的工作质量开始下降？
2. 你会沉迷于闲扯？
3. 嫉妒和自私经常伴随着自己？
4. 缺乏同理心？

我们是受惯性支配的生物。这是好事。因为如果在做任何事情之前我们必须不断地思考，那么我们永远也不能完成任何事情。

通过练习自律战胜自我，就能控制自己的习惯。我们需要利用自己潜意识的力量，需要在童年时期养成好习惯，这些好习惯在我们成年时会塑造成性格。但是，养成好习惯从任何时候开始都不会太晚。每一次暴露出的不管是积极的还是消极的习惯都会带来不同。建立新习惯需要时间，但是好习惯一旦养成了，就会赋予生活新的意义。

对前景表示乐观或悲观，也是习惯使然。习惯是带来痛苦和快乐本能的物质。

我们做事情要么避免痛苦，要么获得快乐。所以只要收益大于痛苦，我们就应维持这个习惯。但是如果痛苦超过收益，那我们就应放弃它。例如，当医生告诉吸烟者不要吸烟时，吸烟者回答道："我不能停！吸烟是种享受！它让我放松！"然后他继续吸烟。明知吸烟有害健康仍然坚持吸烟，是因为快乐大于痛苦。如果有一天，吸烟者得了重病，医生检查后说道：“你得癌症了。如果你还想看到明天早上的太阳，最好现在就戒烟。”这时，大多数人会做到停止吸烟，因为现在痛苦大于快乐。

抵制变革

当人们认识到或意识到自己的不良习惯时，为什么不做出改变?

人们不改变的原因是因为，任何改变即使是为了自己更好，也是让人不舒服的。他们宁愿让短期的快乐大于长期的痛苦，可能的原因是：

· 缺乏改变的欲望——他们渴望的不过是希望，而不是承诺；

· 缺乏变革的纪律；

· 缺乏他们可以改变的信念；

· 缺乏需要改变的意识。

所有这些原因，阻止人们摆脱自己的坏习惯。每个人都有自己的选择，都能忽略消极行为并且希望它会自动消失——这就是鸵鸟策略，只不过是为生活所迫才去克服它。这些行为要想矫正，就得克服非理性的恐惧和走出舒适区。记住，恐惧是一种后天获得的行为，它也可以被抛弃。

以下借口是不改坏习惯的最常见的解释。

1. 我一直这样做。

2. 我从来没有那样做。

3. 那不是我的工作。

4. 我认为它不会有什么不同。

5. 我太忙。

形成积极乐观的习惯

无论你的年龄多大，自身的习惯有多久，改变这种习惯永远不会太晚。我们能改变习惯，就要意识到需要改变的是什么，以及使用什么样的技巧来修正行为。有句古老的谚语说：“你不能教一只老狗新把戏。”但我们是人，不是狗。我们不仅能表演把戏，还能抛掉自我破坏性的行为，并且学习正确的行为。

态度是习惯，可以改变。用新的好习惯来替换旧的坏习惯只不过是一个问题而已。

预防坏习惯比克服坏习惯更容易。好习惯来自于克服诱惑。

快乐和不快乐都是习惯。一个人成就卓越，就是有意识的努力，直到这种心态和行为成为了习惯的结果。

摆脱坏习惯和养成好习惯的方法：

· 自我暗示　　　　　　　· 可视化

自我暗示

自我暗示是什么？对我们的目的而言，自我暗示是一段积极的显示，让自己成为想成为的那种人，并且时刻毫不松懈。自我暗示像是为自己写的介绍自己的一段广告，影响着自己的意识和潜意识，然后反过来影响自己的心态和行为。

自我暗示是编写自己潜意识程序的一种方式，可能是积极的，也可能是消极的。

消极的自我暗示例子是：

· 我累了。　　　　　　　· 我不是一名运动员。

· 我的记忆力差。　　　　· 我不擅长数学。

当你反复给自己一个消极的自我暗示，潜意识就会相信它，并且会成为一种自我实现的预言，进而反映到自己的行为上。比如，当一个人给自己这样的自我暗示："我的记忆力差。"当有人介绍他认识一个新人时，他不会努力记住这个人的姓名。因为他告诉自己："我的记忆力差，所以任何试图去记忆的事都是毫无意义的。"由此，他不会记住这个人的姓名，下一次他们见面时，他会再次告诉自己："我的记忆力差。"这是一个永无止境的循环——一个不断实现的自我预言。

当一个人足够多次地重复一种信念，让它沉积在潜意识里，就会变成现实。重复了足够多次的谎言就会像事实一样被接受。

为什么要做出积极的表示？因为每个词语都会创建一幅图。你应该在自己的思想里只创建自己想拥有的积极的图，而不是你不想要的。这样，在你思想中的任何图都会成为现实。

自我暗示是一个重复调节潜意识的过程。比如，如果你告诉自己：“我很放松。我很沉着、冷静和镇定。”你会开始以沉着、冷静和镇定的心态响应遇到的事情。

自我暗示应该是积极的表示，因为我们的思想是图片式的，不是词语。如果我说“妈妈”，你的脑海中出现什么？最有可能是你妈妈的形象，而不是“妈妈”这个词。

自我暗示不应该是消极的表示。当一个消极的词出现在自我暗示里，就会形成消极的图片，那是必须避免的。比如，如果我告诉你：“不要去想那只蓝色的大象。”就很有可能有一只蓝色的大象的图片立刻涌入你的脑海中。

要用毫不松懈的方式来进行自我暗示。为什么？因为你的潜意识不能分辨真实的体验和想象之间的区别。比如，如果父母正在期待着他们的小孩在下午9点半回家，但是这个小孩没回家，现在已经到了凌晨1点，父母会想些什么？他们可能希望一切都顺利。“我希望孩子没有出车祸。”他们的血压会怎样？它会上升！这是一种想象中的体验。事实可能是这个小孩只是在聚会，而且玩得很开心，只不过明显地对父母不负责任。

反过来。这个小孩是一个负责任的小孩，本来在9点半正准备回家，但是突然遭逢车祸，所以凌晨1点了还没有回到家里。父母的血压会怎样？它还是会上升！第一个场景是想象出来的体验，而第2个是真实的体验。但是在这两种情况下，身体的反应都是相同的。我们的潜意识不能分辨出真实的和想象的体验之间的区别。

让潜意识有准备

自我暗示可以用来消除坏习惯并且培养好习惯。我们都是下意识地使用自我暗示。比如，如果我们必须要赶第二天早上7点半的早航班飞机，当我们上床时，就会指导我们的潜意识：必须在早上5点前苏醒。对此，我们总是能醒过来（是在甚至没有闹钟的平常情况下）。这是为什么？这就是自我暗示的结果。我们对自己的思想发出指令，思想遵守了这个指令。这是一次性的指令。如果我们每晚用积极的方式指令我们的思想呢？它能改变人生。这个原则被用于田径、医学、航空，等等。一个有准备的潜意识能够胜任交代的工作。

自我暗示是让我们的思想程序化且得到调节的方式，能成为自我实现的预言。

自我暗示是一个重复的过程，这个过程通过积极的表示，将潜意识转化成现实。只是独自重复还不够，必须与情绪和感觉相伴。

没有可视化的自我暗示不会产生结果。我们的思想第一次会拒绝接收自我暗示。为什么？因为它是外星人的想法，与我们的信仰体系相反。成功接收自我暗示，取决于我们的集中注意力和重复这个过程的能力。

可视化

可视化是创建并且看到一个我们想要拥有、想要做、想成为什么样人的心理图像的过程。可视化与自我暗示紧密相连。没有可视化的自我暗示是机械的重复，并且会是无效的。为了看到结果，自我暗示和可视化必须伴随着感觉和情绪。

要注入尽可能多的积极感觉在可视化上。这会使你的可视化更有效得多，并因此成功。

据研究，最少需要21天有意识的、连续不断的实践，养成一个习惯并改掉一个习惯。如果你听录音带21天，突然你的播放器坏了，猜猜你会哼哪支曲调！更好的是，练习41天会更好，更有成效。

最大的问题是：为了拥有更好的人生，有意识地努力去改变，21天的付出，会是一个巨大的代价吗？

真的不是，但只有承诺才能做到。自我暗示的过程听起来简单，做起来并不容易。然而，你是可以做到的。按照下面的步骤，就可以把自我暗示转化为现实。

41天形成积极乐观习惯的方案

把自我暗示转化成现实

1. 去一个安静的不会被打扰的地方

2. 在自我暗示开始时就写出来，并列一个自我暗示的表，确定它们都是积极乐观的，并且毫不松懈地坚持下去。你也可以在便利贴上写下每个自我暗示，把它们放在自己日常能看到的地方（如在浴室的镜子上、在汽车仪表盘上、在每日的计划里、在办公桌的抽屉里等）。只要看到这些记录，就再次重复自我暗示。

3. 让自我暗示成为习惯，最少需要21天，最好是41天。

4. 理想的情况下，每天有目的地进行自我暗示应为5次，至少两次：早起第一件事和晚上最后一件事。早上，身体是放松的，思想是清新的，最容易接受自我暗示。这时提供给自己积极乐观的自我暗示，就会定下一整天的基调。为什么它是晚上最后一件事？因为，这时身体要休息，但潜意识能接受自我暗示。因而，晚上睡前，请进行积极乐观的自我暗示，让潜意识开展工作。

5. 自我暗示只有在我们有意识地努力、付出行动时，才有效果，它只是一种补充，不能取代一个行动计划。

6. 准备好排斥反应，但不接受它，拒绝这个排斥反应。这是什么意思？意思是，第一次我们做的自我暗示可能不被自己的思想接受，认为它是外星人的思想。比如，如果在过去的几十年间我一直认为自己的记忆力差，现在突然间告诉自己，我的记忆力好，那么，我的思想会拒绝这种认识，并对自己说："你这个骗子！你记忆力差！"——因为在这点上我一直都是这么认为的。要消除这种认识，需要至少21天。

7. 自我暗示必须只以自己熟悉的语言完成。如果我做自我暗示用的是其他自己不懂的语言，那么我会不知道自己在说什么，也不会联想到任何图像。

8. 一次能完成多少个自我暗示？答案是，所有的。比如，如果我有10—12个自我暗示，每个只花自己不到一分钟，那完成这些自我暗示大概只需要10分钟。

9. 自我暗示只有伴随着可视化才有效果。如果它们只是被机械地完成，没有可视化，就不会得到期望的结果。

10. 41天后需要做什么？继续进行自我暗示。为什么？因为消极的因素一直围绕着我们，从不停止。我们需要不断供给自己积极乐观的心态，让自己保持在正轨道上。否则，我们就会倒退。

11. 自我暗示应该闭上眼睛做完。为什么？因为可以避免干扰、让注意力集中（可视化）得更清晰、更好。

12. 自我暗示应该大声说出来，还是安静地做完？我比较喜欢默默地跟自己内心说出来。

13. 自我暗示能在任何时间，任何地方完成，当然，前提是你没有参与任何活动。

以下是推荐采纳的一些自我暗示，当然，你可以创建属于自己的自我暗示——

1. 我总是在每个情形中和每个人身上寻找正面的东西。
2. 我总是细数来自自己的祝福。
3. 我保证每天自我提高。
4. 我保证努力工作。
5. 我总是第一时间做正确的事，每一次都做正确的事。
6. 对我的家人和所处的组织、社会，我的付出比得到的更多。
7. 我为自己的表现感到自豪。
8. 我规划有优势的事，过有目的的生活。
9. 我让自己的身边环绕着优秀的、积极乐观的人。
10. 我是一个勇敢的人。
11. 我练习自律，做事总是有始有终。
12. 我是一个诚实的人，让人生的每一步都保持为人正直。
13. 我用一个积极乐观的心态激励自己。
14. 我对自己的想法和行动负全部责任。
15. 我尊重他人和自己。
16. 我为人处事有礼有节。
17. 我是一个正大光明的人。
18. 我工作努力，期待成功。
19. 我是放松的、冷静的、镇定的和沉着的。
20. 我总是保持健康的习惯。

行动计划

重要提示：自我暗示和可视化只有在行动计划中作为补充（不是替代)时才能有效。

1. 花15分钟，列出所有你想要摆脱掉的坏习惯。

2. 花15分钟，列出所有你想要培养、加强或接受的好习惯。

3. 列出你能给自己的一些自我暗示，以培养上述的好习惯。

4. 按照41天可视化的方案，列出行动步骤。

YOU CAN WIN

Step By Step To Win

第12章

设定目标

| 设定并且实现你的目标 |

只要你紧盯着目标，

你就看不到困难。

在人生的旅程中，请关注自己的目标，务实而不务虚。

——无名氏

知识能帮助你到达目的地——只要你知道目的地在哪里。

一位年老的印度圣人教他的门徒射箭技艺。他用一只木鸟作为目标，然后要求他的门徒瞄准那只木鸟的眼睛。当第一个门徒上前瞄准木鸟后，圣人要他描述所看到的东西。这位门徒说道："我看到树、树枝、树叶、天空、这只鸟和它的眼睛。"

当第二个门徒瞄准后，圣人问了同样的问题。这位门徒回答道："我只看到这只鸟的眼睛。"圣人说道："非常好。现在射箭！"结果，箭直飞出去，正中那只木鸟的眼睛。

除非我们专注，否则我们不能实现我们的目标。做到集中精力是比较困难的，但是这也是我们可以学到的技能。

一直紧盯着目标

1952年7月4日，弗洛伦斯·查德维克正在努力成为第一个游过卡塔利娜海峡的女性。此前，她已经征服了英吉利海峡。全世界都在关注。查德维克在克服浓雾、刺骨的寒冷和鲨鱼攻击的不利情形下努力游向对岸。不过，透过泳镜向前看，全是浓雾。无法看到海岸，她选择了放弃。

当查德维克后来发现只差半英里就到海岸时，她很失望。很明显，她选择放弃，不是因为她是一个喜欢半途而废的人，而是因为她看不到自己的目标在哪里。实际上，当时那样的自然环境因素并不能阻挡她。她说："我不是找借口。只要我能看得见对面海岸，我就能游到岸边。"

两个月后，查德维克回到卡塔利娜海峡，决定再次游向对岸。这一次，尽管天气恶劣，由于头脑中已经有了目标，所以她不仅成功游到了对岸，而且还打破了两个小时（游到对岸）的男子纪录。

为什么目标很重要?

在阳光明媚的日子里，如果你一直移动放大镜，即使最强大的放大镜也不能引燃一张纸。但是如果你拿稳放大镜，聚焦阳光在一个点上，那么这张纸会燃烧。这就是专注的力量。

一个人正在旅行。来到一个路口，他停下来问一位老人："这条路通往哪里？"老人问道："你想去哪里？"这个人回答道："我不知道。"老人说道："那么，随便走任何一条路。对你来说有什么区别呢？"

多么准确，就像《爱丽丝梦游仙境》中，柴郡猫告诉爱丽丝那样："当你不知道你要去哪里时，任何一条路会带你到那里。"

假设一支足球队热情地冲进比赛场，准备参加比赛，如果有人拿走门柱和球门线，那么接下来这场比赛会发生什么情形？赛场上什么也没剩下，怎么计分？怎么知道自己的球进没进？没有方向的热情像野火一样，会带来挫折感。有目标，才能明确方向。

你会不会登上不知道去哪里的火车或飞机？当然不会。那么，为什么还是有人终其一生都不知道自己要去哪里呢?

梦想

人们经常混淆梦想和愿望的目标。梦想和愿望不过是欲望，是很微弱的。当欲望被下列因素支持时，就会变得强大：

- 方向
- 奉献
- 毅力
- 纪律
- 时限

这些因素也是欲望与目标的区别。有时限的梦想、明确的方向和行动计划是目标。写出来的目标与没写出来的目标之间有一个很大的区别。写出来的目标更加清晰，并且有磁力去吸引目标。当然，目标可能是值得的，也可能是不值得的。

将梦想转变为现实的步骤：

1. 写出一个明确清晰的目标；

2. 写出一个实现目标的行动计划；

3. 每天将自己的目标和行动计划读两遍。

为什么现实中，不设置目标的人更多？

> 努力过而失败的人，绝对比那些没经过努力而成功的人强许多倍。
>
> ——劳埃德·琼斯

人们不设定目标有很多种原因，包括以下方面：

1. 有悲观心态——寻找易犯的错误，而不是可以改进的措施。

2. 害怕失败——他们的下意识一直告诉自己："如果我做不到，怎么办？"如果他们不设定目标，并实现目标，就觉得自己没有失败。实际上，他们没有意识到，一开始没有任何目标，就意味着已经失败了。

3. 害怕成功——自我形象低，或者害怕成功后必须以高标准来要求自己，这导致一些人害怕成功。

4. 缺乏雄心。自我限制性思维阻止自己进步。有一个渔夫，每次抓到一条大鱼时，都会把它扔回河中，只留一些小鱼。有人看到这种反常的行为，就问这个渔夫，为什么这样做。渔夫回答道："因为我只有一个小煎锅。"这表明，生活中大多数人之所以永远成不了大器，是因为他们背负着一个小煎锅，受到了局限。这就是限制性思维。

5. 害怕被拒绝——担心："如果我做不到，别人会怎么说？"

6. 拖延——认为："总有一天，我会设立目标。"这跟缺乏雄心密切相连。

7. 低自尊——没有内部驱动力，也没有自我激励。

8. 对目标的重要性无知——没人教导，他们从来不知道设立目标的重要性。

9. 缺乏设立目标的知识——不知道设立目标的方法。他们需要指导，以便能够按照方法一步一步去做。

设立目标有一系列的步骤。比方说，当你买一张飞机票时，机票上都有什么?

- ·起点
- ·价格
- ·完成终点
- ·开始日期和时间
- ·舱位级别
- ·完成日期和时间

如果你问他人生活中最重要的目标是什么，大多数人可能会给你一个模糊的答案，比如，"我想要成功、快乐、富有，过上好生活。"这些全都是希望，其中没有一个是明确的目标。目标必须是SMART:

1. S—详细具体。口头上说"我想减轻体重"，只是一厢情愿的想法。只有让自己履行"我将要在90天内减掉10磅"的承诺时，它就变成一个目标。

2. M—可测量/可计量。测量是监控自己过程中的一种方式。我想要快乐。这是一个目标吗? 当然不是，因为快乐是一种精神状态。我们可以将其转换成一个可测量的目标吗? 答案是，可以的。怎么做? "通过问自己，什么能带来快乐?"答案是:"如果我每天花一小时陪伴我的家人，就会给我带来快乐。"这样，它是一个可测量/可计量的目标。如果你不能测量它，你就不能实现它。

3. A—可达到的。可达到的意思是，你的目标应该能满足自己的需要或让自己接受挑战; 它应该是稍微有点够不着，但又不离开视线。够不着实是激励，而离开视线会让人失去动力。

4. R—可实现的。即目标不超出能力范围，如果你的目标定为30天内减掉50磅，那就是不可能实现的。

5. T—有时限的。你应该设定一个开始的日期和实现目标的日期。

目标可以是:

1. 短期——1年内;

2. 中期——3年内;

3. 长期——5年内。

目标可以超过5年，只是这样一来，它们就变成一个生活目的。人生目标被称为目的。我们的短期和中期目标必须引导我们实现我们的目的，这被称为人生准线。有目标是非常重要的。但是，如果没有目的，在只痴迷于实现目标的情况下，你就可能会变得目光短浅。如果目标被细分成更小的目标，就更容易实现。

生活按尺来计算的话，是很难弄清的；

但是按寸来计算的话，就再清楚明白不过了。

——杰安·戈登

目标必须平衡

我们的生活就像是有6个辐条的轮子。

1. 家庭，我们所爱的人是我们生活和谋生的原因。

2. 财务，代表着我们的事业和成就可以用钱来衡量。

3. 身体，没有健康，一切毫无意义。

4. 思想，代表着知识和智慧。

5. 社会，每个人和组织都有社会责任，没有这些，社会就会死亡。

6. 精神，你的价值观代表着道德和品格。

如果这些辐条中任何一条没有对齐，你的生活就会失去平衡。花几分钟考虑一下，如果这6个辐条当中缺失任何一个，你的生活会变成什么样?

平衡

1923年，世界上最富有的8个人见面。据估计，他们的财富总和超过了当时美国政府的财富。这些人当然知道怎样积累财富。但是让我们看一下，25年后这些人发生了什么变化。

1. 最大的钢铁公司总裁查尔斯·施瓦布破产死亡了，在他人生的最后5年，依靠借钱度日。

2. 最大的燃气公司总裁霍尔德·哈布森，精神失常。

3. 最伟大的商品贸易商之一亚瑟·卡顿，破产死亡。

4. 纽约证交所总裁理查德·惠特尼，被捕入狱。

5. 总统内阁议员之一阿尔巴·佛耳，被赦免出狱回家，孤独地死去。

6. 华尔街上最伟大的“熊”——杰西·利弗莫尔，自杀身亡。

7. 世界上最大的垄断集团总裁伊瓦尔·克鲁格，自杀身亡。

8. 国际结算银行行长莱恩·弗雷泽，自杀身亡。

他们全都清楚地知道如何谋生，但忘记了怎样生活！像这样的故事，带给读者错误的印象——金钱是万恶之源。这是不正确的。金钱并没有给他们带来任何麻烦。事实上，金钱是美好的。金钱提供食物给饥饿的人、救助生病的人、送衣服给需要的人。金钱只是一种交换媒介。事实上，他们失败的原因是，只追求金钱而排除了生活中的其他五个辐条。

我们需要两种教育——一种教人如何谋生，另一种教人如何生活。

有些人如此专注于自己的职业生活，却忽略了他们的家庭、健康、社会责任。讽刺的是，如果问，他们为什么要这样做，可能得到的回答会是，这样做是为了自己的家庭。

当我们离家外出时，我们的小孩在睡觉。当我们回到家中时，他们正在睡觉。20年后，我们一转身，他们全都走了。没有家人留下来陪伴我们，这是让人悲伤的。

质量不排斥数量

这样的情形并不是不常见的，即我们花在陪伴家人的次数并不重要，重要的是陪伴质量。想想看——真的是这样吗？

假如你去了小镇上最好的餐厅，他们为你提供白手套般礼仪服务，以及英国的餐具、法国的陶制碗碟、瑞士的巧克力，等等。你拿起镀金的菜单，点了一盘烤蔬菜。服务员在几分钟之内就端上了一小方块最美味的菜肴。你吃完后问服务员："这是全部食物吗？"服务员回答道："是的，不过数量不重要，重要的是质量。"你说："我还是很饿。"服务员仍回答："数量不重要，质量才是重要的。"

我希望这个例子的意图表达得很清楚，即质量和数量对我们的家人来说都需要。

你无法强制要求时间的高质量。你不能说："现在，我们将一起花掉一些高质量时间。"有量才能有质。当成年人被要求去回忆一下自己最美好的童年时光时，他们回顾到的多是这样的时刻：母亲带他们去喝冷饮，生病时母亲给他们读故事。

在与朋友和家人一起的平常时光，这样的情形都是珍贵：分享一个笑话或深刻见解，在最需要的时候得到一个鼓励的微笑，帮助朋友度过一段艰难时期。

健康

如果我们在赚钱的过程中失去了健康，那么我们会为了恢复健康而失去金钱。

社会责任

在赚钱的过程中，如果我们忽视自己的社会责任，让社会环境恶化，那么我们也会成为受害者。

审视自己的目标

没有目标，也就永远不会有缺失感。人们犯的最大的错误在于盯着低目标。成功者看到的是要实现的目标，失败者看到的是障碍。

目标应该具有足够的挑战性并立足实际情况激励自己去实现，避免灰心气馁。我们做任何事情，所出现的两个结果是，要么不断接近目标，要么不断远离目标。为了让所有的目标分出主次，我们必须将它们分为需求和欲望两类。

每一个目标应该按以下所列各方面来评价(类似于“扶轮国际”的四种方式测试)。

1. 它是事实吗?

2. 它对相关各方公平吗?

3. 它会给我带来声誉吗?

4. 它会给我带来健康、财富和内心平和吗?

5. 它与我的其他目标一致吗?

6. 我能把自己托付给它吗?

7. 为什么这个目标是重要的?

以下是测试失败的例子。

1. 如果一个人的目标之一是成为不花钱就身体健康的典型，这显然很难如愿以偿。

因为这意味着它与其他目标不一致。

2. 一个人能赚到世界上所有的钱，但是如果他因此失去了家人和健康，那么它值得吗? 显然不值得。

3. 一个人能通过销售毒品赚到100万美元，但是在接下来的日子里，他就得为逃避法律的制裁而担惊受怕。因为这种行为是非法的，会受到社会的谴责，会让他失去声誉且内心感到不安。

4. 我们必须能回答这个问题：“为什么”这个目标是重要的吗？因为“为什么”是你的动机。“为什么”越大，“怎么做”就越容易。事实上，甚至不用担心这个“怎么做”就如同得到这个“为什么”。提供一个令人信服的理由。理由越是令人信服的，动力就越大。所有伟大成功者都有一个大的“为什么”。他们不知道“怎么做”。事实上，这个“怎么做”接下来更容易，是因为他们有一个大大的“为什么”。

请通过上面列出的7个问题，来测试评价一下自己的每个目标，确保所有目标一致。

没有付诸行动的目标是空洞的梦想。只有行动，才能让梦想成为目标。一个人即使没有实现自己的目标，也并不表明他是个失败者。目标的实现被延迟并不意味着失败，而是意味着我们必须修改自己的计划才能实现目标。

就像照相机需要聚焦才能拍一张好照片一样，我们也需要目标来创造一个多彩的人生。

目标应该与价值观相一致

目标通向人生目的，是成功的起点。以月亮为目标，即使你不能成为月亮，也能成为一颗星星。

在这个世上，我们所有人都有人生目的，只是目的各各不同。这是正常的。就好比一个管弦乐团中的每一个人，如果都用同样的乐器演奏，那就相当乏味了。

> 不要作小计划，它们没有让人热血沸腾的魔力……
> 要制作大计划，让所想和所作为人瞩目。
>
> ——丹尼尔·伯纳姆

现在，我们在哪里不重要，真正重要的是我们要前往哪里。

没有目的的努力和勇气是枉费心机。畏惧会让人设定负向的目标，只关注自己不想发生的事情。

活动力不等于成就

不要混淆了运动和前行的概念。摇椅一直移动，但是运动范围极其有限。

在活动力和成就之间有一个巨大的差别。一个名叫法布尔的法国科学家已经证明了这一点。他做了一个毛毛虫列队的实验。后面的毛毛虫会本能地跟着前面的毛毛虫前行。法布尔将它们排列在一个花盆边沿，第一条领头的毛毛虫与排在最后面的毛毛虫首尾相连。然后法布尔把松针（毛毛虫的食物)放在花盆的中心。但毛毛虫一直在花盆的边沿上绕圈。结果绕了一星期之后，毛毛虫在距离食物仅几英寸的地方因又累又饿而全部死亡。

我们要从毛毛虫这个实验上吸取教训。不要因为你在做一些事情，就意味着你能做成。为了取得成功，一个人必须评估他的活动力。

一名飞行员打开公共广播系统扩音器说道：“我们有一些好消息和坏消息。好消息是，现在是顺风，有利于我们提前一小时到达目的地。坏消息是，我们的导航系统发生故障，我们不知道正在往哪里飞。”

如果混淆了活动力和成就，我们就可能花费大把时间，却不知道目的地在哪。

目标无意义

很多时候，我们制定出的目标完全没有用，还导致自己最终失去了生活激情。我们都见过这样的情形。一匹狗坐在路边的角落里休息，当有一辆车开来时，它会跳起来，以80公里/小时的速度跟在车后面追，结果没追上。这时，它会回到原来坐着的地方放松。当下一辆车开来时，它会再一次跳起来，再以80公里/小时的速度跟在车后面追，又没追上。然后，它会再回到原地休息，直到又一辆车开来。有人观察这匹狗的行为后，问他的朋友：“你认为这匹狗能追上车吗？”他的朋友回答道：“这根本不是我想到的问题，我想到的是，如果它能追上一辆车，那它会怎么做。”很多时候，在生活中我们一直像这匹狗一样采取行动，追逐完全没用的目标，由此而失去生活激情。

> 正在执行的好计划，要胜过下周才能出炉的完美计划。
>
> ——小乔治·巴顿将军

行动计划

1. 在下面各个领域中,至少列出一个能带领自己走向成功的重要目标。

（1）家庭______________________________

（2）财务______________________________

（3）身体______________________________

（4）思想/知识__________________________

（5）社会______________________________

（6）精神______________________________

2. 为什么这些目标是重要的，请写出原因。

____

____

____

____

3. 确定你想在一个月内、一年内、三年内和五年内实现的具体目标。对于每一个目标，列出更小的、具体的、可衡量的步骤，为每个步骤加上截止日期。你可以从现在开始着手去实现这些目标。

目标　　　　　　　行动及实现目标的必要时效

1个月

____

____

____

____

1年

____

____

3年

5年

YOU CAN WIN

Step By Step To Win

第13章

价值观与视野

| 价值观指导决策 |

价值观是无价的。当你在价值观上贴上价格标签时，它们就失去了价值。

我们现的任务不是责备过去，而是规划未来。

——约翰·F.肯尼迪

孩子出生时，谁在欣喜？父母、亲戚和朋友。谁在哭泣？这个孩子。不过，当我们死亡时，它应该是反过来的。我们应该是欣喜的、满意的，因为我们为这个世界做出了贡献，留下了一个比我们认识它时更加美好的世界。让这个世界哭泣的应该是，它失去了一个美好的灵魂，它变得比过去更差。

印度哲学认为，好人去世后不会死，只是肉体离开。因为他们的姓名通过他们做过的善行而永远存在。回想你听到的悼词。当人们对逝者表示敬意时，最常听到的是谈到这个人一生中做过的一些带着善意的小事情。善事再小也不会不被注意到，事实上，做善事的人去世后,它们的影响会变得更强大。这也是人们意识到那些小小的善举对自己有着多么大的意义的时候。

没有人会因为曾经得到了什么而受到尊敬，尊敬是因付出而得到的回报。

——卡尔文·柯立芝

如何判断自己的价值体系？

以下是圣雄甘地列出的7宗不可饶恕的罪行：

·没有工作的财富

·没有良知的愉悦

·没有品格的知识

· 没有道德的商业
· 没有人性的科学
· 没有牺牲的宗教
· 没有原则的政治

这些罪行中的每一条都反映出价值观的缺失。

怎样才能测试你的价值体系？我认为有三种方式：妈妈测试、爸爸测试和标题测试。

这三种测试首要的是“妈妈测试”。无论你在做什么，在家或在工作，独自一人或有人陪伴——如果价值观存在问题 ，就问问自己：“如果妈妈看到我现在做的，她是会为我感到骄傲并说‘好孩子’呢，还是她会羞愧地低下头？”由此，你的价值观会相当快地清晰起来。如果你通过了“妈妈测试”，而没有通过其他所有的测试，那么你已经通过了测试；如果你没有通过“妈妈测试”，而是通过了其他所有的测试，那么你还没通过测试。

一位年轻的会计曾经因工作上的事情有客户要给他一大笔钱，他为此有些不安。不过，收受这笔钱并非完全不合法。他感到有些困扰，就请求客户给他一天的时间来做决定。那天晚上，他回到家里，告诉母亲关于与客户签合同的情况和合同条款的内容，以及客户要给自己的一大笔钱。他的母亲是个文盲，在听儿子讲了两个小时之后说道：“孩子，你说的我都不懂。最终的决定权在你自己。我能说的只有一件事——每天清晨当我进入你的房间时，我看到你在熟睡，就会为叫醒你而难过。如果有一天当我走进你的房间时，发现你还醒着，就会痛恨自己走进了你的房间。你自己做决定吧。”说完，母亲离开了房间。经过一番反思，年轻人对自己说：“我找到答案了。”

如果“妈妈测试”不行，还有另一种测试，被称为“爸爸测试”。无论你正在做的是什么，在家或在工作中，独自一人或和他人一起——如果价值观存在疑问，问问自己：“如果我的孩子正看着我现在所做的事情，我会不会想让他们看到呢？还是，我会感觉很尴尬呢？”乌云再一次很快散开，你会找到自己的答案。

很多年以前，一个人在机场候机室里认出我，并向我介绍了他的职业，在最高法院工作的执业刑事律师。我说：“我确定你是那种善良的人，能确保诚实的市民得到正义，罪犯对他们的行为负责。”他说：“不，我是另一种。”我本能地对他说：“你是真正的执业刑事律师。我不确定你的妈妈是不是为你感到骄傲，你的孩子会不会因你而尴尬。”

如果这两种测试都不能让人的价值观清晰——那这样的人就不是人类，而是比动物更糟糕。当人们处于动物的水平时，他们不像动物一样行为，而是比动物更糟糕。

“标题测试”就是问自己，不论我现在正在做什么，在家或在工作中，独自一人或和他人一起，如果所做的成为第二天早上新闻的标题，那么，我本人、我的家人对此是感到骄傲呢，还是感到尴尬呢？

上述三种测试，如果诚实地应用，会非常快速地使价值观清晰起来。

怎样改变价值体系？

随着不断地接触，不能容忍的变成了可接受的，最终会让自己参与其中。

当你从不能容忍转变到参与其中，一直都会有参与的理由。

时代在改变

我们担心年轻一代的道德水准不断下降：最终他们会在哪里呢？在对他们指手画脚之前，还是评估一下这些都是谁的责任。

价值观和美德不是遗传的，而是通过学习掌握的。如果我们要积极地影响下一代，我们需要分清事情的轻重缓急。

比较为了生活做事情与在生活中做事情

不是做每一种工作的回报都是金钱。父母养育孩子没有想到金钱。许多人拥有很多金钱，但他们非常贫穷。我们的目标应该是既有钱，又很富有。生活中最不幸的事是想赚钱却没赚到。

努力工作让人认识到钱的价值。父母教育子女要努力工作，是非常重要的。我同情那些没有价值观、继承遗产的年轻的一代。没有经验教训和指导，他们经常把所有东西等同于钱，认为任何人和事都可以用钱摆平。当然，这不是真实的。

生活中的悲剧：得不到自己想要的

我祈求上帝赐给我力量，我可以实现目标。

尽管我如此弱小，但我可以学会恭顺去遵从……

我祈求所有的事情，让我可以享受生活。

既然赐给了我生命，我就可以享受一切……

——无名氏

得到自己想要的

当我们的价值观不明确时，得到自己想要的就会变成一个更大的悲剧。迈达斯国王的故事说明了这一切。

迈达斯点金术

我们都知道，一位名叫迈达斯的贪婪国王的故事。他拥有很多很多的金子，但他得到的越多，想要的就越多。在他的金库里，他会花上好几天的时间数金子。一天，有一个陌生人出现了。他告诉迈达斯国王，他会帮国王实现一个愿望，可以让国王成为世界上最快乐的人。迈达斯国王听了非常高兴，立即说道："我想要，任何东西只要我一触碰，就变成金子。"那个陌生人问国王："你确定吗？"国王回答道："确定。"陌生人随即说道："从明天早上升起第一缕阳光开始，你就会拥有点金术。"

国王以为一定是自己在做梦，出现的一切不可能是真的。但是，第二天当他醒来的时候，他摸了摸床，床就变成黄金床。这是真的——任何经他触碰到的东西都变成了金子。于是，他对自己说道："我的愿望实现了。我是世界上最快乐的人。"过了没多久，他看到窗外面女儿正在花园里玩耍，决定给她个惊喜，以为她会很高兴。在去花园之前，他决定先读一本书。但拿到书的那一刻，书变成了金子，他不能阅读了。他坐下来吃早餐。但当他拿起水果和水杯的那一瞬间，它们都变成了金子。他饿了，就对自己说："我不能吃金子喝金子。"就在这时，女儿跑进了房间，他拥抱了她，结果女儿变成一座黄金雕像。

国王的脸上再没有一点微笑。他垂下头，哭了起来。这时，那个帮他实现愿望的陌生人再一次出现了。陌生人问国王，他是不是高兴，因为点金术的缘故。国王说，自己是这个世界上最悲惨的人。陌生人问道："你更想要什么，食物和一个可爱的女儿还是金块和她的黄金雕像？"国王哭着请求原谅，他说："我愿意放弃我所有的金子。请还给我女儿，因为没有她，我失去了所有的一切，她是我值得拥有的。"陌生人对国王说："你变得比以前更明智了。"于是，陌生人撤回了咒语，国王的女儿又回到国王的怀抱中。并且，国王学到了在他余生之中永远不会忘记的一课。

这个故事的寓意是什么？

1. 扭曲的价值观导致悲剧。

2. 有时，得到了想要的东西，相比没得到的，可能会是一个更大的悲剧。

这个故事中，国王得到了他人生中的第二次机会，但是现实中，我们往往得不到第二次机会，失去了就永远失去了。

怎样才能让人记住？

大约在100多年前，有个人看早晨的报纸时，在讣告栏竟惊讶且恐惧地看到自己的名字在上面。报纸错误地报道了他的死亡。他的第一反应是震惊：我是活着的还是死了的？当他恢复镇静时，就想知道人们对此的看法。讣文上写着"炸药大王死亡"和"他是军火商人"。这个人是炸药发明者，当他读到"军火商人"一词时，他问自己："这就是我被人们所记住的内容？"他认为，这不是他想要的被人们记住的方式。于是，从那一天起，他开始致力于和平。他，就是炸药王阿尔弗雷德·诺贝尔，是他创立了今天被我们都熟知的伟大的诺贝尔奖。

就像阿尔弗雷德·诺贝尔，假如我们到了要读到自己讣告的一天，那么，我们希望怎样被人们记住呢？像一个流氓、一个骗子、一个无赖或者是一个发现自己离开时这个世界比他认识时变得更好的人？请思考一下，你的遗产是什么？会不会见称于世呢？你会被人们想念吗？

有一次，一个奸诈的政客死后，形成了一个巨大的送葬队伍。一个非常了解这位政客的过路者问道："为什么这样一个不正当的人，会有这么大的送葬队伍？"一个人回答道："为了确保他已经死了。"

细小的事情产生巨大的差异

一个人清晨在沙滩上散步。他看到了数百个海星随着潮水一起流到沙滩上，当潮水退去，海星被搁浅在沙滩上。在上午太阳的照射下，它们会（被晒）死。潮水刚涨落时，海星还活着。这个人就走动起来，不断捡起海星扔进海水中。另一个人感到很不理解，就走过来问道："你在做什么？这里有好几百个海星。你能帮到多少个？这又有什么区别呢？"这个人没有回答，而是走动两步，捡起另一个海星扔进海水中，然后说："对这个海星来说，还是有区别的。"

为什么我们不问这个问题——我们做的和没做的有什么区别？不论做大的或小的，它都不重要。如果每个人做一个小改变，最终就会有一个巨大的变化，是不是这样？

值得挽救你的生命吗？

一个男孩在河里溺水了，他大声呼救。有个人冒着生命的危险，跳进水中，救了那个男孩。当这个人正要离开时，男孩拦住了他说道："谢谢你。"这个人问道："为什么谢我？"男孩回答："因为你救了我的命。"这个人看着男孩的眼睛说道："孩子，确保自己长大后，你的生命是值得被人救的。"

警钟已经响起，到了应该思考的时间了。

没有实现的成功是毫无意义的。除非是有意义和目的，否则无论多么有威望、多么有钱或接受过多么高的教育，生活都是空虚的和不快乐的。

成功始于培养成功的人生观，包括健康、金钱、家人、社会和价值。没有一个明确定义的目的和理念指导，你的生活将被幻想引导。如果你还没有定义一种成功的人生观，你实际上已经默认着定义了一种失败理念。

承诺

保证与承诺之间的区别是什么?

保证是与外界达成协议，而承诺是与自己达成协议。保证是一个意图的表达，而承诺是释放意图。

信念带来承诺

偏爱与信念是有区别的。偏爱可以商量，但信念不能。在压力下，偏爱变得更弱而信念变得更强。这也是为什么拥有一个好的价值观是重要的原因。我们的信念是值得的，因为信念反过来带来承诺。

伦理

糟糕的环境不是做出错误选择的借口。价值观和伦理观不只是为美好时光设计的，还能让你渡过难关。它们就像是这片土地的法律——当环境好的时候你需要它，当事情糟糕时它们更有价值，会保护你。

大多数的选择不是基于道德上的选择。比如，买什么颜色的衣服或看什么电视节目，是基于什么对自己最合适的个人选择。它们不是道德上的选择。这些个人选择都是主观的，不是客观的。不过，这些虽都不是道德问题，但它们一定涉及责任。

伦理的选择反映了对与错之间的客观选择。这也是为什么当你做一个不道德的选择时良心不安。因为在伦理事件上你有一个清楚的正确选择。就像数学测试一样，不管谁参加测试，也不论谁给出什么答案，答案的正确与否不是出自选择，而是答案本身的正确性。

做一个友好的人与做一个好人且有道德的人是不一样的事情。一个人可能在社交上表现得很友好，实际上却是个骗子和说谎者。由此，认为这样的人很好，就是不道德的。因而，美好的事物反映社会接受能力，友好并不意味着真的好。

不幸的是，我们当今的很多选择看起来是基于:

· 我们的愿望——为了方便、舒适和愉悦。

· 我们的感觉——其标准是要感觉良好而不是做负责任的事。

·社会时尚和广告——其理念是，既然其他人都在做，那么我为什么不这样做呢?

普遍认为，对道德和伦理的选择是令人困惑的。最大的问题是对谁而言——对那些价值观不明确的人。

情境伦理

认为道德规范不能广泛化，而是随着每一种情境而变化，以正当的理由在个人之间和情境之间维持变化。

这被称为情境伦理，是一种合宜道德，而不是信念。内心的安宁与平静只来自下列的道德指南针，它总是指向正确的方向，无论趋势或时尚。

基准

为什么会有标准? 标准是一种衡量尺度。无论你走到哪里，在欧洲、亚洲，一米就是一米，一公斤面粉就是一公斤面粉。不想坚持任何道德标准且不断改变道德定义的人，总是说没有什么是正确的或错误的，一切都是由个人的思想来决定的。他们负责解释而不负责行为。他们觉得“我的行为是对的，你的解释是错的”。

例如，希特勒就认为他是正确的。更大的问题是:“他是对的吗? ”显然，捐钱给饥饿的人买食物是好事，但用钱买毒品就不是。

一般化设定基准，例外的是情境。例如，谋杀是错误的。这是一般设定、广义的真理和道德标准。除了自卫——当然，不是说如果天气好或自己喜欢，谋杀一个人就是可以的。

通过我们雇用的顾问、选择的供应商、成交的客户，事实上我们怎样度过我们的闲暇时间，能显示出我们的道德标准。

见解可能因文化而异。但是价值观，比如公正、正义、正直和承诺是普遍的和永恒的。它们和文化没有关系，从来不会出现一个时间段，勇气战胜怯懦不受社会尊重。

道德和正义涉及以下内容:

·同理心

·公平

· 同情伤者、病人和老人

· 更大的社会利益

虽然大多数人对某事达成一致意见，但并不意味着它是对的。比方说一个国家的人民投票剥夺所有蓝眼睛的人的选举权，这就是不对的。基本的伦理是相当普遍的。就像是没有纪律的自由导致破坏一样，同样的，没有原则的社会自我毁灭。如果价值观是如此主观，就不能对罪犯绳之以法。

一个社会变得好或坏，基于每一个人的道德价值观，给一个社会力量的是其基本的道德价值观。

那些信奉道德相对论的人陷入自设的悖论中。他们说："一切都是相对的。"这句陈述本身是一个绝对的真理。但它是自相矛盾的。在对与错之间的区别，不诚实和诚实之间的区别是预设它们的存在。改变术语不会改变意思。就像是更换标签不会改变内容一样。

通过改头换面，低道德价值观应付更容易被接受。媒体通过美化不道德——结果骗子就被称为有想象力的性格外向的人。

教书不育人，只会为社会埋下隐患。

——西奥多·罗斯福

1993年，当哥伦比亚大学的校长迈克尔·塞文辞职时，一个记者问他，是否有未完成的任务。他回答道："是"，"这听起来很自豪，但是实际上只有一项没完成。"他提到了道德指示缺乏："一般的本科学生，不管怎样，没有在这些领域得到培训。大多数教育工作者都害怕触碰这个问题。道德问题通常留给父母处理。结果就是，最需要道德和伦理培训的年轻人，比以往任何时候得到的培训都少。道德和伦理不是宗教。它们是合乎逻辑的，为了和平的社会，我们需要良好行为的合理原则。"[①]

① 改编自约翰·贝克利《在最好的……比特 & 皮茨》中《难道还没有到应该醒来的时间吗？》一文，新泽西州经济出版社 1994 年版第 129 页。

伦理与合法性

> 如果一个人行为端正，哪怕他独自一人时，也能做正确的事；
> 如果一个人行为不端，会招来所有人的抵制，得不到公正对待。
>
> ——亨利·菲尔丁

大多数人都认同合法性和道德不是一回事。有些行为合乎道德但可能不合法，有些行为不合乎道德但可能合法。例如：

·保险销售人员本应是给特定的客人销售最合适的保险单，但他为了能拿到更多的提成，就卖给客人一个不合适的但高提成的保险单。这种做法是合法但不道德的。

·一个年轻的主管超速驾驶，试着早一点把他车后座上正在流血的小孩送到医院。毫无疑问，这种做法是合乎道德的，但违反了法律。不得到医疗帮助来救助这个小孩子的生命，是不道德的，即使这意味着违反了法律。

合法性制定了行为的最低标准，而道德和价值观超越了这些标准。道德和价值观关注点在公平和正义，而不是取悦或得罪人，包括尊重人的需求和权利。

生活目的

人都有许多种欲望——渴望成功；渴望尽一个人的职责，哪怕付出牺牲快乐的代价；有目的地渴望——做一些能给予生活意义且值得为它付出生命的事情。

如果你拥有全世界却失去做人的良知，有什么好处呢？

无意义地活着的人是一具行尸走肉。你的目的是什么？你有一个目的吗？目的能带来激情。请寻找并创建一个目的，然后,充满激情和毅力地追求它。

每天我们都需要问自己："我是不是距离人生目标更近了？我是不是让这个世界变得更好，更适合居住？"如果答案是"不"，那么我们已经浪费了人生中的一天。生活会按照我们做出的贡献奖励我们。

我们越早找到人生目的，我们的人生就会越好。最大的挑战在于，永不停止地追求生活的目的，不仅是为了个人，也是为了我们的家人、组织和国家。一旦我们的目的和价值观清晰，在个人利益与社会责任之间的冲突上，就能找到道德平衡，明白到何时该采取什么立场。这就是我们为了长期收益，做出正确的决定，而不是为短期的利益做出错误的决定。智慧和沉稳能够更好地理解重大问题。

> 我们帮他人的同时也在帮自己。
> 我们使他人充实的同时也使自己充实。
> 我们给他人带来繁荣的同时也给自己带来繁荣。
>
> ——珍妮特·科尔（斯派曼大学）

珍妮特·科尔曾经说过：“当我看一个满足平凡的人，我就会告诉你，这是一个注定会失败的人。”生活不是旁观者的运动。我们不能坐下来，看着事情发生。为了使生活有意义，我们需要找到一个目的，然后努力实现这一目的。

有目的的生活

我们所有人来到这个地球上都是有目的的。我们是一张大图中的一部分。但是很少人能发现他们生活的目的。我们中的大多数只是生存，一直数着我们的日子而不是让我们的每天过得有意义。

有一次，阿尔伯特·爱因斯坦博士被人问道：“为什么我们会在这里？”他回答说：“如果宇宙是一个意外，那我们也是意外。如果宇宙是有意义的，那我们也是有意义的。”他又补充道：“我学习物理越多，就越接近形而上学。”

> 我宁愿在最终会成功的事业上暂时失败，而不愿在最终会失败的事业上暂时成功。
>
> ——伍德罗·威尔逊

目的：终生目标被称为目的。要确定你的目的，问问自己：“如果我到了100岁的年龄，回顾我今天的生活，我想说些什么，这就是我的成就吗？”答案是你的目的是什么。

使命：使命是引导一个人通过人生观实现目的的行动。

人生观：人生观是生活的指导原则。它就像是北极星一样。比如，以期望他人对待自己的方式来对待他人。

人生观：在我们的人生中，我们需要定义上述的：

目的____

使命____

人生观____

我们从哪里学到属于自己的价值观？

我最近读过这样一个故事：新泽西州蒂内克的一所高中学校的老师，举行了阐明价值观的一堂课。班上的一位女生捡到装有1000美元的钱包，并且把它交还给了失主。老师问同学们对此的反应。结果每一个同学得出的结论都是，这个女孩子太傻了。大多数的学生争辩说，如果有人不小心弄丢东西，那是他们罪有应得。当这个老师后来被问道，他对学生们说了什么时，他回答道："嗯，当然，我并没有说什么。如果我告诉他们什么是对的和什么是错的，那么我不配成为他们的辅导员。我不能强加我的观点给他们。"[①]

如果我们不能从我们的父母和老师那里学习价值观，那我们从谁那里学到它们呢？当父母和老师们不教给我们价值观，不用说，我们会从电视节目和其他不良来源中学习。

难怪社会乱成一团。上述事例中的老师不负责地扭曲价值观，不配教育我们的孩子。

成功与成功者

成功和做一个成功者之间有什么区别？成功是结果。做一个成功者是一种精神。成功者不断获得成功是基于他们的价值观体系。

① 见 1991 年 11 月 /12 月《美国家庭协会学报》。

三个鼓舞人心的冠军

1. 奥运会对大多数运动员来说是一生一次的大事。劳伦斯·雷米却在奥运帆船比赛中,停下来去帮助处于困境中的竞争对手。全世界都在观看。他关注他人的安全和把生命放在第一位的做法，超过了他想赢得比赛的欲望。尽管他没有赢得这场比赛，但他是一个成功者。他受到世界各地的国王和王后的尊敬，因为他把奥运精神传递了下去。

2. 鲁本·冈萨雷斯正在打世界冠军比赛。全世界都在观看。在决赛的赛点，冈萨雷斯发出一个超级好球。裁判员和边线裁判都确定这个球很好，并且他已经被宣布为获胜者。但是冈萨雷斯犹豫了一下，然后走向自己的对手说道："这一球是有缺陷的，让我们再来比一回。"发球改变后，他输掉了比赛。每个人都惊呆了。谁会料想到，所有正式的官方都对他有利，胜利已经到手，他会取消自己的获胜资格，失去了奖牌。当被问道，他为什么这样做时，冈萨雷斯回答说："为了保持我的正直，这是唯一要做的事情。"换句话就是："如果我拿奖牌回到家中，每天看到它，不会让我体会到胜利，而是会永久地体会到自己的不诚实。"冈萨雷斯说的话中，没有说出的意思是什么？它就是，我宁愿失去应得的奖牌，也不愿意得到不该得到的。他输掉了这场比赛，但他是一个成功者。

3. 一群销售员离开城镇去参加会议，并且告诉他们的家人，他们会在周五晚上晚餐前回到家中。但是由于会议延时，他们没有按时动身。为赶上回家的航班，他们到达机场时，离飞机起飞只剩下短短几分钟。他们手拿着机票奔跑，希望能按时登上飞机。当他们奔跑时，他们中的一个人撞到了一张桌子，撞掉了一个水果篮。水果都摔坏了，散落得满地都是，但他们没有时间停下来。他们正好及时登机。所有人都庆幸地松了一口气，除了那个撞上桌子的人。他站起身，跟他的朋友们道别，然后回到他撞上的卖水果的桌子那里。他看到眼前的情形就庆幸自己回来了。在桌子的后面，是一个10岁大的盲女，她依靠卖水果谋生。他说："我希望我没有毁掉你的一天。"他从自己的钱包中掏出十美元，递给她并说道："这是水果钱。"说完，他就离开了。这个女孩看不到眼前发生了什么事情，但是当销售员的脚步声逐渐消失时，她从后面喊道："你是上帝吗？"这个销售员没有赶上他的飞机，那他是不是一个成功者呢？当然是。

1968年，在墨西哥城，约翰·斯蒂芬·阿瓦瓦里参加了长达42公里的奥运马拉松比赛。无意中，他被撞了。跑到第19公里时，他的膝盖已经严重受伤，并且有些关节脱臼。他可以在这里退出比赛。然而，尽管痛苦不堪，他继续跑着，最终跑完了全程。在完成这项比赛的75人中他跑了第57名。他跑了大约3个半小时，甚至当人群已经散去，日落之后，还一直坚持跑着。

马拉松比赛的获胜者是另一个人。当颁发奖牌时，电视摄制组得知还有一个人正在跑，并且快跑到比赛的终点了。当这个人最后冲过终点，围观的人们向他欢呼。当电视摄制组问他为什么继续跑时，他说："我的国家不是送我到5000英里外来开始比赛，而是送我到5000英里以外来完成比赛。"这是多么伟大的一种精神！

一个没得到奖牌的人可能是一个成功者，如果一个人没有用正确的方式赢得奖牌，那他即使获得奖牌也是失败者。

成功是结果，做一个成功者是一种精神

有三人跟着几百人一起跑马拉松比赛。这三人没有一个赢得比赛。这说明这三个人都是失败者吗？一点也不是这样的。每一个参与比赛的人都有各自不同的目标。第一个人跑比赛是为了测试自己的耐力——他期望跑出更好的耐力。第二个人想超过以往的成绩，而且他做到了。第三个人还从没有跑过一场马拉松——他的目标是完成他的比赛，并且他做到了。这三个人每个都有自己不同的目标参加比赛，无论谁获得这场比赛的金牌，他们都是成功者。

马克·吐温说，应得的荣誉没有享受到，比享受到了不应得的荣誉要强。尊严不是占有，而是应该得到的。

如果你唯一的目标是成功，那么你可能失去把事情做好的内在的回报。比成功更重要的是有尊严地赢并且获得自己应得的胜利。光明正大地输比不诚实地赢更好。体面地输掉可能意味着缺乏准备，但是不诚实地获胜意味着缺乏品格。

真正考验一个人的品格的是，他愿意做与不愿意做，即使他知道自己不会被抓到短处。牺牲正直，通过走捷径去获得成功是不值得的。一个人赢得了奖杯，但是知道自己不是光明正大地赢得比赛，那他永远不能成为一个快乐的人。做一个好人比赢得一个奖杯更加重要。

成功者把每一天都当作是自己的最后一天来生活和工作。因为总有一天会到来，没有人知道是哪一天。只是当他们离开时，他们已是成功者。

有些失败比胜利更值得庆祝。

——蒙田（米歇尔·德·蒙泰涅）

成功者是谦和的

成功者是谦和的，从不吹嘘自己，他们尊重和欣赏他们的队友和竞争对手。

很多人知道如何取得成功，但很少人知道如何处理成功。

成功的蓝图

我举办了一场为期三天的国际研讨会："嗨-领导力影响-成功的蓝图"，在室内和室外都举办过。这个研讨会是基于"成功者不做不同的事情，他们以不同的方式做事情"的理念。这种理念是相信"成功不是所有事情，它是唯一的事情"的对立面。后者的理念引导我质疑有哪些正直的人相信它是真的。它给予了"杀手本性"这词一种歪曲的含义。如果你问一个路人："杀手本性是什么意思？"大多数的答复会是："你必须不择手段去赢。"那不是杀手本性，那是纯粹的不诚实。对一名好的运动员，杀手本性意味着：

1. 你不只100%的投入，更应200%的投入。

2. 要想获胜，我们必须乘机利用对手的失误。不利用对手的失误是愚蠢的。然而，为了获胜不惜犯规不是杀手本性，这是完全不诚实。不公正地获胜可能取得暂时的成功，但肯定不能取得成就。

3. 我们的生活就像踢一场足球比赛。得与失并不取决于你射了多少次门，而在于你错过了多少进球。在我们的生活中，这难道不是同样的道理吗？

现实是，生活是一场竞赛，我们不得不竞争。事实上，竞争使竞争者成长。目标是要赢，这没问题——但是要赢得公平、公正、体面和遵守规则。

成功者留下遗产

伟大的人身后总会留下些什么。成功者认识到，没有人能独自只身奋斗。即使冠军获得奖牌，他也知道在成功的背后站着很多人。没有老师、父母、教练、球迷和导师，他们不可能取得成功。你永远也不能完全报答这些帮过你的人。通过帮助后来人，来显示一点感激之情是唯一的感恩方式。下面的这首诗说明了这一切。

建桥人

一位老人，独自走在公路上，
在又阴又冷的晚上，
走到一个又深又宽，巨大的断层边，
阴沉的潮水汹涌地穿过断层。
老人在暗淡暮色中穿行，
他不怕阴沉的水流，
当他安全到达另一边时，他转过身，
决心要建一座跨越潮水的桥。

“老人”，附近的一位旅行者说，
“你在这里建桥是白费力气，
你的旅程在天黑时就已经结束了，
你以后不会再走这条路了，
你已经穿过这又深又宽的断层，
——你为什么
要在黄昏建造这个桥？”

老人抬起他年老灰色的头，
说道：“好朋友，这条路我走过，
今天跟在我之后，有一个年轻人，
他的脚必须走这条路。

这个断层，对我来说跨过很容易，
对那个金发的年轻人可能就是一个问题，
他也必须在昏暗暮色中跨过。
好朋友，我是为他建造这座桥。”

——威廉·艾伦·德隆古尔

苏格拉底教导柏拉图，柏拉图教导亚里士多德，亚里士多德教导亚历山大大帝。没有被传承下去的知识会消逝。

我们最大的责任是，传承给下一代可以引以为傲的遗产。

价值观改变——当今的价值观

改变是必然的，不管我们喜欢不喜欢，它都是存在的。我们有太多的“我”这一代和情境伦理，这些导致失去了强大的共性。“我这一代”的人宁可因坚守原则而受到伤害，也不愿意因犯错而懊悔。[1]

1958年，一位中学校长做过一项调查，问了这个问题：你的学生中存在的主要问题是什么？答案是：

1. 不做家庭作业。
2. 不爱惜财物，如乱扔书。
3. 离开房间时不关灯、不关门窗。
4. 在课堂上扔被唾液弄湿的纸球。
5. 跑着穿过大厅。

30年后，1988年开展了同样的调查，另一代人被问到同样的问题，得到了不同的、惊人的回答。这也是当今高中学生的主要问题：

- 堕胎　　· 艾滋病　　· 强奸　　· 毒品
- 对暴力死亡的恐惧、谋杀、出现在学校里的枪和刀

① 见1991年11月/12月《美国家庭协会学报》。

古老的价值观是不过时的

一个民族通过共同的信仰和共同的心理特征团结在一起。他们能超越不断困扰任何社会的冲突。因为这给予了这个民族基调、道德品质、完整性、道德风格和承受能力。

——约翰·加德纳

像责任、正直、承诺和爱国主义这些价值观被一些人认为是过时的。这些可能是古老的价值观，但它们绝对不过时。它们经历了时间的考验，会永远存在。这些价值观在纽约、新德里、新西兰都有相同的含义。它们是普遍的。我不认为历史任何时期或任何文化会不尊重这些价值观。

价值观空前低位

在任何社会中，不道德和不公正会导致绝望。那些贪婪的、寻找不道德的快乐且不体谅他人之人的行为，必须被致力于真正价值观的人制止。不幸的是，在改变的过程中，我们走错了路，以致当今社会，钱已经成为衡量成功的首要标准。

任何失去道义的社会将走向灾难，这是因为，历史上所有的失败都是源于道德上的失败。

大半个世纪之前，美国处于痛苦的萧条中，国家的三分之一财富在短短几个月内消失了，制造业下降了77%，四分之一的劳动力被迫闲置了，许多城市无法保持学校正常上课，纽约的学校中五分之一的学生营养不良。并且这时，有三千四百万人没有任何收入。

然而，在最困难的时候，救济站和银行倒闭，出现了饥荒。富兰克林·罗斯福在广播讲话中告诉全国人民："我们的困难，感谢上帝，谁让我们只关注物质的东西。"[①]

---

① 见1991年11月/12月《美国家庭协会杂志》。

我们的道德标准有多高？

在以下情况，你会做什么？

1. 你知道，从自家打车到机场车费为64美元。以前你付过好几次，你知道它是正确的车费。这次，出租车司机收你32美元，你会做什么？

2. 你在一家餐馆吃晚饭，点了四个菜。服务员上齐了四个菜，但是，由于计算错误，只收了你3个菜的钱。这时，你会做什么？

3. 你最好的朋友患上绝症，你是一个寿险销售员。你的朋友需要10万美元保额的保险。没有人知道，也没有人能发现你的朋友要死了。你会填写这份保险单吗？

你不能把道德制定成法律。在同样的情形下，你会给你的孩子们什么样的建议？在同样的情形下，你的行为会符合你给予你的小孩的建议吗？出生后我们开始学习正确的道德，这将在我们的一生中持续。我们能不能改变道德行为？当然能。我们需要道德培训。

影响道德的是什么？

· 贪婪　　· 恐惧　　· 压力

压力下履行不道德的行为不能成为辩解的理由。被公平对待与被平等对待并不是一回事。

商业道德

在每个行业中，有道德或缺乏道德都是明显的。贪婪的医生做不必要的过程和手术、律师扭曲真相、父母和小孩子都说善意的谎言、会计和秘书经常伪造报告。

当我们欺骗我们周围的人时，最重要的是我们也在欺骗自己。我们是在做让自己被欺骗的准备。此外，当我们欺骗别人时，我们开始认为别人也会对我们做同样的事情，我们变得可疑和悲观。

繁荣需要责任。我们不能在建立工业和基础设施的同时破坏道德和社会道德品质。

不遵循道德行为的后果与违法行为的后果是一样的。有些人永远不会有道德。他们认为他们正在走简单的路。事实上它是一条更艰辛的路。如果你没有对客户做正确的事情，你能面对自己吗？你能告诉自己的小孩并且感到自豪、感觉很好吗？如果你不能，那么这样的行为是不道德的。

幽默感和自豪感会让你一直有望实现成功。

结论

为什么人们不能实现卓越？最大的原因是缺乏远见或视野有限。我们需要梦想去超越可能。今天我们所看到的一切，在它成为现实前都是梦想。热情、有方向、有意义地生活，你的梦想里有吗？你的梦想是什么？你活着的每一天，是不是距离你的目标更近一点？不要听取失败者所说——他们会给你关于怎样取得成功的不正确的建议。相反，从成功者取得建议。

> 眼力能看到一年的光景，养花；能看到十年的光景，种树；能看到百年的光景，育人。
>
> ——东方人说

请记住：

> 成功者不做不同的事情，他们以不同的方式做事情！
>
> ——希夫·凯拉

行动计划

尽自己力量成就自我，是人生唯一的目标。

——贝尼迪·斯宾诺沙

1. 花15分钟静静地反思：哪三个事情是你最想让别人记住的？

（1）______________________________

（2）______________________________

（3）______________________________

2. 对于上述的你想让别人记住的每一件事,列出你的行动目标。

（1）______________________________

（2）______________________________

（3）______________________________